U0263582

地理科学类专业实验教学丛书

遥感类课程集成实验教程

袁金国　胡引翠　编著

科学出版社

北　京

内 容 简 介

本书整合了遥感概论、遥感数字图像处理和遥感地学分析三门实验课程内容，并根据遥感类课程体系的内在联系，系统设计实验教学内容，集成各部分实验，为学生提供系统的专业技能训练。本书包括四部分内容：遥感概论系列实验、遥感数字影像处理系列实验、遥感应用专题系列实验、野外地面量测系列实验。

本书可作为普通高校地理信息科学、地理科学、人文地理与城乡规划及环境科学等相关专业本科生、研究生的实验教材，也可供相关专业科研工作者参考。

图书在版编目（CIP）数据

遥感类课程集成实验教程/袁金国，胡引翠编著. —北京：科学出版社，2022.3
　（地理科学类专业实验教学丛书）
　ISBN 978-7-03-071628-6

　Ⅰ.①遥…　Ⅱ.①袁…　②胡…　Ⅲ.①遥感技术-应用-实验-高等学校-教材　Ⅳ.①TP79-33

中国版本图书馆 CIP 数据核字(2022)第 032283 号

责任编辑：杨　红　郑欣虹/责任校对：杨　赛
责任印制：张　伟/封面设计：陈　敬

科 学 出 版 社 出版
北京东黄城根北街 16 号
邮政编码：100717
http://www.sciencep.com

北京中石油彩色印刷有限责任公司 印刷

科学出版社发行　各地新华书店经销
*
2022 年 3 月第 一 版　　开本：787×1092　1/16
2023 年 8 月第二次印刷　　印张：12 1/2
字数：300 000

定价：49.00 元
（如有印装质量问题，我社负责调换）

河北省地理科学实验教学中心建设成果

河北省环境变化遥感识别技术创新中心建设成果

"信息地理"河北省优秀教学团队建设成果

河北师范大学一流本科课程"遥感数字图像处理实验"建设成果

"地理科学类专业实验教学丛书"
编写委员会

主　编　李仁杰

副主编　张军海　任国荣

编　委（按姓名汉语拼音排序）

丛 书 前 言

在移动互联网飞速发展的今天，学生可以获取的教学资源日益丰富，教学模式趋向多元化、慕课、微课、共享资源课、VR 教学等新型教学方式极大地方便了学生的课堂外自主学习。传统课堂教学面临前所未有的挑战，许多教师也在尝试引入这些新的教学资源和方法，以适应时代的发展。但无论如何，大学教育的一个核心教学思想不会改变，那就是通过教学过程帮助学生建构学科知识体系，培育专业学科素养和创新性思维。教学过程使用的各类教学资源中，教材是支撑这一核心教学思想的最重要资源。无论传统纸质教材与现在流行的电子书形式差别有多大，都必须达到支撑上述思想的标准。

地理学的特点是综合性和区域性，地球表层系统空间各个要素不仅具有自身的空间分布格局与特征，也同其他地理要素具有空间联系并相互影响。地理学科的专业教材不仅要专注于解析地理学某一分支学科的知识体系，更应帮助学生建构与其他分支学科的关系。例如，自然地理学与人文地理学两门课程，既有相对独立的学科思想、理论和方法，也有共同的研究对象，我们可以借助全球变化研究中关于人类活动的环境响应等主题，实现两个分支学科关系的知识体系建构，进而培养学生综合性学术思维。

大学地理科学相关专业的课程实验是从理论到实践的教学过程，通过实验教学帮助学生深入理解其所建构的学科知识体系，完成基于理论方法解决实际学科问题的训练过程，并能够独立解决新问题，这是实验教学资源（特别是实验教程）应该实现的基本功能。

河北师范大学资源与环境科学学院的地理科学相关专业已有 60 多年的办学历史，一批批地理学者以科学严谨的学术探索和言传身教的人才培育为己任，笔耕不辍，出版了不少经典学术著作和优秀的教材。如今，学院继续蓬勃发展，2011 年获得地理学一级学科博士学位授予权，2014 年获批地理学博士后科研流动站，新的一批年轻地理学者也已经成长起来，风华正茂，希望他们能够继承优良传统，成就新的辉煌。恰逢 2015 年学院获批河北省地理科学实验教学示范中心，如何将优秀教学理念与方法向社会传播，实现优质教学资源的共建与分享，成为年轻一代教师们思考的重要问题。从当代地理科学发展的现状来看，大家一致认为，应该着重构建学生实践创新能力培养的多元化实验教学环境，将地理信息科学专业的实验教学作为示范中心重点培育的纽带项目，充分发掘互联网服务资源与功能，整合地理信息科学、自然地理学、人文地理学和其他相关学科的实验教学内容，逐步构建"多专业实验协同创新与环境共享的实验教学体系"，推进"教师科研创新引领下的实验教学改革模式"，全面实现示范中心教学资源共享。

任重而道远，我们必须脚踏实地，砥砺前行。地理科学实验教学系列教材的编著工作正式启动了。系列中的每本实验教程都不是对单一课程的独立实验描述，而是按照学科体系将学科知识关系密切的相关课程集成在一起，统一设计实验项目和内容。每本教材的内容设计与系列教材的总体架构，就是引导学生建构课程知识体系和培养学科思维模式的双层脉络。例如，地图学、空间数据管理与可视化和地理信息系统原理三门课程的集成实验，遥感导论与遥感数字图像处理两门课程的集成实验，测量学、全球导航定位系统原理和数字摄影测量三门课程的集成实验，以及地理信息数据挖掘与软件开发相关的课程集成实验等。

特别需要说明的是，实验教材系列中还有一本有关典型实验数据集的教材，数据来源包括政府开放数据（如社会经济统计数据）、科学共享数据（如全球 30m 分辨率数字地形、地表覆盖数据）、志愿者地理信息数据（雅虎 YFCC 数据集）等，这些典型数据集不仅可以支撑众多相关课程的实验教学训练，还可以帮助学有余力的同学寻找科学问题，开展创新性地理研究探索。

这套系列教材的执笔者都对大学教育情有独钟，他们中既有已过知天命之年阅历丰富的教授，他们不忘初心，继续编写教材令人敬佩；也有肩负行政管理、科学研究和本科教学多重任务的中青年骨干，他们在繁重的工作中不求名利，守望净土，让人欣喜；更有刚刚入职的青年才俊，他们初生牛犊、意气风发，使人振奋。整套系列教材完全编写完毕会超过 20 本的规模，以地理信息科学专业的 9 本实验教材为主，再加上前期积累较好的地理教育教学实践教材，作为引领启动的一期工程。二期工程将以地理学科相关本科专业的核心课程为基础，整合实验室基础实验和野外实习实验，并与一期工程的相关教材形成内容互补、体系呼应的整体成果。希望通过大家的努力，影响更多教师投入到系列教材编写中，为地理科学专业人才培养做出贡献。当然，我们不追求教材的形式，正如开篇所述，无论是纸质书还是电子书，还是直接发布到互联网进行共享和传播教材资源，最重要的是教材要有设计思想，要以合适的形式不断发展演进，主动适应快速变化的学科理论和方法，要能够支持慕课、微课和 VR 教学等各种新型教学模式，最终以培养学生的创新性思维和专业素养为最高价值目标。

李仁杰

2018 年 8 月

前　言

随着遥感技术的飞速发展，获取的遥感数据也越来越多，但人们对海量遥感数据的应用还很有限。因为遥感数据处理是遥感数据获取与应用之间的必要环节，所以学习如何对遥感数据进行处理是遥感类课程的重要内容之一。遥感类课程是高等院校地理科学专业和 GIS 专业等相关专业的基础课程，我们基于学科发展和专业课程体系建设的需要，综合分析多门遥感类课程的关系，集成各部分实验，形成遥感类课程实践教学内容，在几轮教学实践的基础上编成本书。

河北师范大学资源与环境科学学院于 2000 年设置了 GIS 专业，自设置开始，就开设了遥感图像处理课程。我们一直讲授此门课程以及遥感概论等相关课程，从最初编写的实验指导书、课程讲义雏形到 2006 年在中国环境科学出版社出版《遥感图像数字处理》教材，再到酝酿此书的设计与出版，积累了丰富的教学经验。目前，遥感类课程相关实验逐渐成熟，实验内容已经在多门相关课程教学中进行了多年的实际应用与测试，并进行了反复修改与完善。本书系统集成了多门遥感类课程的实验，我们认真梳理了遥感概论、遥感数字图像处理、遥感地学分析三门课程的相关实验内容，整合设计实验资源，帮助学生建构完整的遥感课程系统知识体系，并将抽象的实验原理转化为实践应用，培养学生的综合实践和创新能力。希望本书的出版，能够为系统化的遥感类实验教学设计提供参考与帮助。

本书包括四部分内容：①遥感概论系列实验。主要包括航空像片的立体观察、土地利用与土地覆盖变化判读、航空像片上各类地貌的判读、卫星图像上绘制经纬线网、卫星图像上的符号注记及元数据和典型卫星图像的判读。②遥感数字影像处理系列实验。主要包括遥感数据的输入输出、多波段彩色合成、遥感影像的裁切、遥感影像的几何校正、辐射校正、镶嵌、DEM 的生成、三维地表显示、遥感影像的增强、遥感影像的变换、地物波谱曲线的绘制、遥感影像的监督分类、非监督分类和遥感信息融合等。③遥感应用专题系列实验。主要包括植被遥感应用、水体遥感应用、大气遥感应用、城市遥感应用和灾害遥感应用。④野外地面量测系列实验。主要包括叶面积指数量测、反射波谱量测、叶绿素量测和叶面积量测。

本书由袁金国设计、统稿和定稿。具体编写任务分工如下：遥感概论系列实验、遥感数字影像处理系列实验、野外地面量测系列实验由袁金国设计完成；遥感应用专题系列实验由胡引翠、袁金国设计完成。

本书编写过程中，研究生张晨、张成伟、王晓昕、王景芝、闫晓琳、刘思思、郭豪、徐璐、张宏鑫和本科生任慧鑫帮助完成相关实验的测试和数据整理工作，张成伟负责书中图件的清绘。很多老师和同学也提出了很好的建议，在此一并表示感谢！

遥感技术发展及软件更新较快，本书的实验设计力求尽量适应新情况。由于水平有限，书中难免有疏漏或不足之处，恳请同行专家及读者批评指正。

袁金国

2021 年 8 月

目　录

第 4 部分　野外地面量测系列实验

第 1 部分 遥感概论系列实验

实验 1-1 航空像片的立体观察

用双眼或光学仪器对一定重叠率的像对进行观察，获得地物的光学立体模型，称为航空像片的立体观察。特别是在山区，立体观察能提高航空像片的判读效果。其原理是人的双眼具有观察事物立体的能力。航空像片的立体观察，就是模仿人眼观察地物时所需要的条件，建立立体的感觉。

眼睛是一个天然照相机，晶状体相当于照相机的透镜，眼睛后壁的视网膜相当于底片，物体通过晶状体记录在视网膜上的影像，如同物体通过照相机的透镜记录在底片上一样。因此，人眼观察物体，也是中心投影的过程。单眼观察只能分辨出物体的平面形状，分不清物体的远近和立体形象。双眼能自动调节转动，使两视轴交汇于某观察点上，这个交角称为交会角。双眼的距离称为眼基线，成人的眼基线约为 65mm。物体远近不同，交会角大小会有变化：物体越远，交会角越小；物体越近，交会角越大。而交会角的改变，将在视网膜上产生生理视差。

实验目的：会用反光立体镜进行航空像片像对的立体观察，识别不同类型的航空像片，会在航空像片上解译不同的地物。

实验仪器：反光立体镜。

实验数据：黑白航空像片像对、真彩色航空像片像对、彩红外航空像片像对。

实验内容：对黑白航空像片像对的立体观察、真彩色航空像片像对的立体观察和彩红外航空像片像对的立体观察，理解各类航空像片的特点，会解译不同类型的航空像片。

1. 反光立体镜

实验所用仪器为反光立体镜（图 1-1-1）。它由两片放大镜和四片两两互相平行的反光镜组成，在适合眼基线的长度范围内安装倾斜 45°的两个小块反光镜，在适当位置安装与其平行的两块大反光镜，凸透镜安装在两块反光镜之间，焦距等于凸透镜沿着光路到像平面的距离。

图 1-1-1 反光立体镜

2. 航空像片立体观察的条件

　　航空像对立体观察是指用双眼对相邻两个摄影站对同一地区所拍摄的两张像片进行观察,从而获得物体的光学立体模型。要进行航空像片的立体观察,必须满足以下条件:

　　(1)必须是相邻的摄影站对同一地区所拍摄的两张像片;航空像片有一定的重叠(航向重叠),即同一条航线上相邻像片之间的重叠,重叠比例最小为53%,最大为60%。

　　(2)两张像片的比例尺基本一致(差别一般≤16%)。

　　(3)两张像片应按成像时的相对位置放到立体镜下,两眼必须同时各看两张航空像片,即左眼看左像片,右眼看右像片。

　　(4)眼基线与像片摄影基线互相平行,并使同名地物点的相应视线成对相交。

3. 航空像片立体观察实验

　　1)实验过程

　　(1)区分像片像对类型。找到要进行立体观察的航空像片立体像对,首先要识别是哪种像片像对,如真彩色航空像片像对(图1-1-2)或彩红外航空像片像对(图1-1-3)。

图 1-1-2* 真彩色航空像片像对

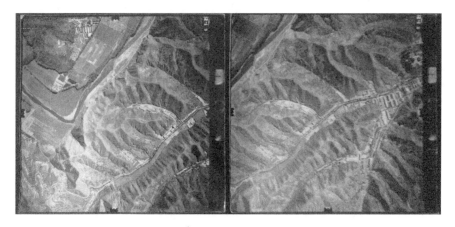

图 1-1-3* 彩红外航空像片像对

---

　　* 彩图以封底二维码形式提供,后同。

（2）分辨左右像片。将同一地区相邻两个摄影站所拍摄的有重叠部分的两张像片水平放于桌面，重叠部分在中央，放在立体镜下，区分左右像片，左边的叫左像片，右边的叫右像片。

（3）找出摄影基线。确定像主点（航空像片的中心点），两相邻像主点的连线即为摄影基线。

（4）将左右像片放在立体镜下，摄影基线与眼基线平行。

（5）在立体镜下观察同名像点。分别用左、右两个手指指着两张像片上能明显识别的同名地物点（如图 1-1-2 中的桥梁和图 1-1-3 中的房子），同时左眼通过立体镜看左像片，右眼看右像片。在立体镜下左眼要能看到左手指，右眼要能看到右手指。调整图像间的距离，慢慢移动两个手指，直到在立体镜下看到两手指重合。此时拿开手指，仔细观察一会儿，就能看到立体的效果。

（6）判读航空像片上的地物，并对所看到的地物进行描述。

（7）填写实验报告单。

2）实验注意事项

（1）正确区分像对的左右像片，正确放置航空像片，两张像片相同的部分放置在中央。

（2）观察时，眼睛紧贴立体镜，若同一地物影像出现双影，是由于两张像片相隔太远或太近，或两张像片的基线没有在一条直线上，这时应慢慢移动像片，使两张像片的基线在同一条直线上，并使两张像片的间隔适当，直至立体镜中看到同名地物点重合。

（3）立体观察时，航空像片上山体的阴影应尽量对着自己，以提高立体观察的效果。

实验1-2 土地利用与土地覆盖变化判读

土地利用与土地覆盖变化（land use and land cover change，LUCC），是目前全球变化研究的核心内容之一，目的是揭示人类赖以生存的地球环境系统与人类日益发展的生产系统（城市化、农业化、工业化等）之间相互作用的基本过程。

实验目的： 使学生掌握遥感图像的判读标志和地理要素的判读方法，了解一个地区的土地利用/覆盖现状，会绘制土地利用/覆盖专题图。

实验仪器： 反光立体镜。

实验数据： 黑白或彩红外航空像片，其他数据（地形图、DEM、专题图等）作为补充。

实验内容： 根据制定的LUCC分类系统，制作LUCC专题图。

1. 遥感图像的判读标志

判读（解译）标志是指识别遥感图像上地物的那些影像特征，又称为判读要素。判读标志分为直接判读标志和间接判读标志。

1）直接判读标志

能在影像上直接看到的可供判读用的影像特征称为直接判读标志。直接判读标志包括：形状、大小、色调和颜色、阴影、纹理及组合图案。

（1）形状。任何地物都有一定的几何形状，在航空像片上也有相应的形状。从航空像片上所看到的地物的影像特征，是地物的顶部轮廓。人造地物较规则，如房屋表现为矩形；天然地物不规则，如河流为弯曲的带状。地物的形状受中心投影的影响，中心部分误差最小，地物如果有一定高差或起伏的形态，又处在航空像片的边缘部分，形状就会有明显的变形。山区地形高差大，变形明显。平面地物在像片的任何部位都没有多少变形，如湖泊、耕地等。地物在影像上的形状还会受到像片比例尺的影响：比例尺大，形状清晰；比例尺小，其形状可能表现不出来。

（2）大小。地物在航空像片上的大小，可以根据比例尺求出，有利于判读地物性质。如海、湖泊和池塘根据大小来区别。影像上地物的大小，取决于航空像片的比例尺和地面分辨率。

（3）色调和颜色。色调是地物反射和发射电磁波信息在像片上的记录。色调是指在黑白像片上的深浅程度，称为灰度或灰阶。采用不同波段和不同的感光胶片，色调反映的意义不同。如在黑白像片上，绿色植被呈暗色调，在黑白红外像片上呈浅白色调。彩色像片的信息量大，针叶林在真彩色像片上呈深绿色，在彩红外像片上呈暗红色，但色调最不稳定，受外界环境干扰较大。

（4）阴影。阴影分为本影和落影。本影是物体未被太阳光直接照射到的阴暗部分，有助于获得立体感，对地质地貌判读有用，如山脉。落影是阳光直接照射时，物体投射在地面的影子，如高架桥在地面的影子。落影的形状和长度可以帮助判读地物的性质和高度，如区分水塔和高层建筑物。

（5）纹理。纹理是航空像片上目标地物内部色调有规律变化形成的影像结构。如阔叶林呈棉絮状纹理图案、农田呈规则条块状纹理、喀斯特地貌呈黑白相间的斑点状、黄土地貌呈树枝状沟谷等。

（6）组合图案。当地物较小或像片比例尺较小时，地物的单个影像在像片上不能表现出来，但地物的群体特征可以在像片上反映出来，这种影像特征称为组合图案。如在中小比例尺航空像片上，很难识别阔叶林、针叶林单棵树，但通过其组合图案能识别出来。农田与周边防护林、操场和跑道组成的学校，均为组合图案。

在航空像片判读时，应综合运用各种判读标志进行判读。

2）间接判读标志

依据各地物间的相互关系，用专业知识进行逻辑推理。如在干旱区，多条小路通向一点，可判断为水源，如水井；向心状水系推断为向斜构造；植物分布呈带状，可能是有断层存在。

2. 遥感图像的判读方法

1）直接判读法

根据直接判读标志判定地物的性质。如水体反射率低，对光线的吸收能力强，在各种航空像片上，呈现灰黑色到黑色的暗色调。

2）对比分析法

（1）和典型像片进行比较。利用熟悉的、经过实地验证的已知图像进行对比。

（2）和已知资料对比。利用地形图、DEM 或专题图如地质、土壤、植被类型图等辅助信息，与遥感图像融合，识别地物。

（3）到野外与实际地物对比。室内判读的疑点，到野外进行校核，对照判读。选取重点路线，对室内判读内容进行核实，验证判读的准确性。

3）逻辑推理法

利用间接判读标志，根据各地物间的关系进行推理。如由植被类型识别土壤类型，森林草原对应黑钙土、草原对应栗钙土、荒漠草原对应棕钙土、热带雨林对应红壤等。

3. LUCC 分类系统

1）1984 年全国农业区划委员会制定的土地利用现状分类系统

1984 年 9 月全国农业区划委员会制定的《土地利用现状分类及含义》，规定全国土地利用现状采用两级分类，统一编码。一级分 8 类，二级分 46 类。一级分为耕地、园地、林地、牧草地、居民点及工矿用地、交通用地、水域和未利用土地。

2）1995 年 1∶25 万全国土地利用分类系统

1∶25 万全国土地利用分类系统一级分 8 类：耕地、园地、林地、草地、居民点及工矿用地、交通用地、水域和未利用土地。耕地分为平耕地（平原区和盆地中的水浇地、旱地）、河川耕地和坡耕地。园地分为果园、桑园、药园。林地分为有林地（树木郁闭度>30%的天然林或人工林）、灌木（>40%覆盖）和疏林地（郁闭度 10%～30%）。草地分为草甸草地、草原草地、草山草坡和低洼草地。居民点及工矿用地分为居民点（市、镇、村居民点）、独立工矿用地、盐田和特殊用地（独立军事用地）。交通用地包括铁路、公路、农村道路、民用机场、港口、码头等。水域包括河流水面、湖泊水面、水库水面、坑塘水面、苇地、滩涂、沟渠等。未利用土地包括荒草地、盐碱地、沼泽地、沙地等。

3）中国科学院采用的全国土地利用分类系统

中国科学院 LUCC 分类系统一级分为 6 类：耕地、林地、草地、水域、城乡工矿居民用地和未利用土地,主要根据土地的自然生态和利用属性分类。二级分为25类,主要根据土地经营特点、利用方式和覆盖特征分类。耕地分为水田和旱地;林地分为有林地、灌木林地、疏林地和其他林地;草地分为高覆盖度草地、中覆盖度草地和低覆盖度草地;水域分为河渠、湖泊、水库和坑塘、冰川和永久积雪地、海涂和滩;城乡工矿居民用地分为城镇用地、农村居民点用地和其他建设用地;未利用土地分为沙地、戈壁、盐碱地、沼泽地、裸土地、裸岩石砾地和其他用地,包括高寒荒漠、苔原等。最早的分类系统中没有海洋,海洋类是在数据更新中由于填海造陆涉及海洋而补充的新地类。

4)三大类土地利用分类系统

2000年后采用的三大类分类系统分为农用地、建设用地和未利用地,又细分为一级和二级分类。一级分为12类。

5)新分类系统

2017年颁布的《土地利用现状分类》(GB/T 21010—2017)适用于土地调查、规划、审批、整治、执法、评价、统计及信息化管理等工作。土地利用现状分类采用一级、二级两个层次,共分12个一级类、73个二级类。12个一级类分为耕地、园地、林地、草地、商服用地、工矿仓储用地、住宅用地、公共管理与公共服务用地、特殊用地、交通运输用地、水域及水利设施用地和其他用地。

4. LUCC判读实验

1)制定分类系统和设计图例

根据研究区情况,自己制定分类系统,利用分类系统进行图例的设计,参考图例如图1-2-1所示。

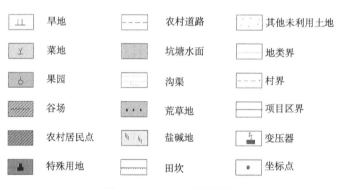

图1-2-1 LUCC参考图例

2)制作LUCC分类图

根据对遥感图像的判读,经实地验证,制作LUCC分类图。

实验 1-3 航空像片上各类地貌的判读

利用航空像片和立体镜进行地貌判读，具有较好的效果，因为在立体镜下能获得地表形态的光学立体模型，可以对地表的地貌特征进行较全面的描述，确定地貌的成因类型。地貌判读的标志主要依据航空像片的图形特征、水系特征以及色调和阴影等进行观察。

实验目的： 利用航空像片的影像特征和判读标志，借助立体镜和目视观察，使学生掌握流水地貌、风成地貌、岩溶地貌、冰川地貌和火山地貌等各种地貌判读的基本方法，对航空像片上的各类地貌要素进行判读。

实验数据： 流水地貌、风成地貌、岩溶地貌、冰川地貌和火山地貌等各类地貌的航空像片立体像对。

实验仪器： 反光立体镜。

实验步骤：

（1）对单张航空像片进行目视观察，了解像片上各种地貌的一般地理特征。

（2）对航空像对进行立体观察，了解微地貌特征。

实验内容：

（1）流水地貌的判读。

（2）风成地貌的判读。

（3）岩溶地貌的判读。

（4）冰川地貌的判读。

（5）火山地貌的判读。

1. 流水地貌的判读

流水地貌在地表的分布范围较广。流水地貌是流水对地表产生的一系列侵蚀、搬运、堆积所形成的一种外力地貌类型。主要的流水地貌有：河床、河漫滩、沟谷、阶地、冲出锥、冲（洪）积扇等。

1）河床的判读

河床中有水的部分也称河流，在遥感图像上比较容易识别。

（1）形态。河床作为自然发育的地貌，有水的部分呈现自然弯曲的条带状曲流。

（2）色调。由于河床中的含沙量多少、水的深浅、污染状况以及水生植物多少等因素，河床的色调变化较大。在黑白图像上，有水的河床呈现灰色、浅黑、深黑；在彩红外图像上，水体呈现蓝黑色、蓝灰色、浅蓝色等（图 1-3-1）。干涸的河床为明显白色条带。

山区的河流受地形控制，而平原上发育的河流有许多河流作用的附属物，如牛轭湖（图 1-3-2）、迂回扇等（图 1-3-3），可作为研究古河道和河床变迁的重要依据。

2）河漫滩的判读

河漫滩是指平水期露出水面、洪水期被河水淹没的部分（河谷）。

（1）形态和色调。河漫滩靠近河床的边界线，呈弧线状。河漫滩呈浅灰色调，洪水期后，色调变深，因为有植物生长。

图 1-3-1* 彩红外图像上河流的形态及色调

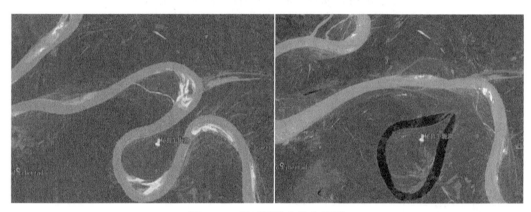

图 1-3-2 遥感图像上的牛轭湖

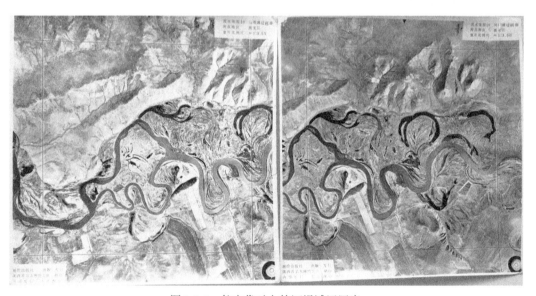

图 1-3-3 航空像对上的河漫滩迂回扇

（2）位置。河漫滩分布在河床两侧，高于河床。

3）阶地的判读

阶地是指在洪水期也高出水面的部分，分为阶地面和阶地坎两种形态要素。阶地面宽而平坦，而阶地坎较窄。

（1）形态。位于河流两侧，条带状延伸。

（2）色调。阶地坎—阶地面—阶地坎—阶地面间错分布，呈现出深浅相间有规律的变化。依据色调深、浅的条带状延伸和一定宽度的阶地面，并借助航空像片像对的立体观察，建立三维地貌，准确勾画出阶地之间的界线。再依据色调及其他因素对阶地类型进行区分。

阶地一般分为侵蚀阶地、基座阶地、堆积阶地三种类型。侵蚀阶地：阶地面和陡坎完全由基岩组成，一般分布在河流上游的山区，色调较暗（基岩颜色）。基座阶地：阶地面由松散沉积物组成，因此色调较浅且均匀，常有居民点和耕地分布。阶地坎由基岩构成，色调较深。堆积阶地：阶地面和阶地坎全由冲积物组成，分布于河流中下游，色调较浅，比较均一，耕地、道路和居民点广泛分布。

阶地判读时，要注意阶地间的新老关系，靠近河床的阶地较新。由于人类活动的破坏，河流阶地有时不容易划分，有时很难分清是否是阶地。

4）冲出锥和洪积扇的判读

（1）形态和色调。冲出锥和洪积扇呈现扇形。冲出锥和洪积扇的物质组成颗粒粗大，因此呈现浅灰色。

（2）位置。冲出锥和洪积扇位于出山口地带，因地面开阔，流水速度减小，由流水挟带大量泥沙在出山口处堆积而成。洪积扇堆积规模大，冲出锥规模小，色调一般较浅。洪积扇位于山地与平原之间（图 1-3-4）。从山地到平原过渡带形成巨大的洪（冲）积扇，洪积扇中上部由砂砾质组成，呈灰白色或浅灰色，土层保水保肥差，一般无植物生长；中下部由粉砂或黏土组成，有一定的保水保肥能力，有暂时性细流网，如有植被生长，颜色较深（图 1-3-5）。植被在夏季的彩红外图像上呈现红色。洪积扇前缘，地势低洼，影像色调深，表明有地下水溢出。

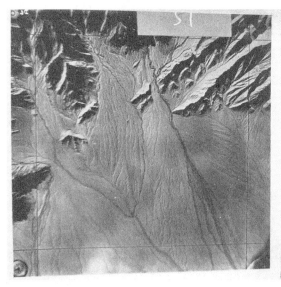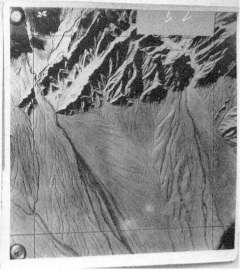

图 1-3-4 山区洪积扇航空像对

图 1-3-5　航空像片上洪积扇的形态

2. 风成地貌的判读

在我国西北地区大片沙漠、砾漠的干旱荒漠区，受风的侵蚀、搬运和堆积作用，会形成风成地貌类型。

1）形态

沙漠有戈壁、沙丘等特殊的形态，有新月形沙丘、蜂窝状沙丘、纵向沙垄、横向沙垄等（图 1-3-6）。蜂窝状沙丘呈近圆形，起伏和缓。新月形沙丘形似新月，迎风坡长而缓，背风坡短而陡，两面不对称。根据沙丘的波纹状分布，可确定盛行风向。新月形沙丘有时相互连接而形成横向沙垄，排列方向垂直于主导风向，且两坡不对称。纵向沙垄与风向平行，横断面呈三角形或梯形，往往多条平行分布。在彩红外图像上，沙漠中的绿洲呈鲜红色，与周围呈浅色的沙漠形成明显差异。

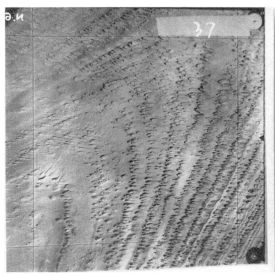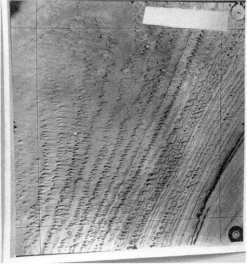

图 1-3-6　风成地貌航空像对

　　2）色调

　　在沙漠、荒漠区，气候干旱，植被稀少，地面裸露，各个波段的反射率都比较高，所以在遥感图像上，半固定和流动沙丘呈色调均一的浅色调。固定沙丘有植被生长，色调暗，峰顶浑圆。砾漠即戈壁滩，地表平坦，几乎全为砾石覆盖，在航空像片上为均一的浅色调，夹杂着稀疏的蒿草形成黑色斑点。

3. 岩溶地貌的判读

　　岩溶地貌是含有 CO_2 的水长期作用于可溶性的碳酸岩分布的地区发育而成的，也称喀斯特地貌。碳酸岩在我国广泛分布。因气候不同，我国南北地区岩溶地貌发育情况差异很大，南方比较典型，如广西、云南、贵州等，成地带性分布；北方如河北省邢台市临城县的崆山白云洞。

　　1）图形特征

　　岩溶地貌呈现出孤峰和峰林、溶蚀漏斗、溶蚀洼地、伏流、盲谷等，正负地形交替分布，以负地形为主，地形破碎，呈麻麻点点的景观，斑点状图案。

　　2）色调

　　孤峰和峰林是正地形，色调较深（图 1-3-7）。溶蚀洼地是负地形，因松散沉积物填充，色调较浅，呈灰白色（图 1-3-8）。整个图像色调是黑白相间的色调。

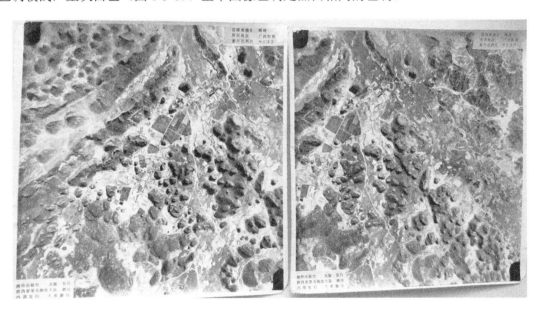

图 1-3-7　岩溶地貌航空像对上的峰林

4. 冰川地貌的判读

　　冰川地貌主要位于我国西北高山地区和青藏地区，分布于雪线以上。

　　1）色调

　　冰川具有强反射特性，在航空像片上一般为浅色调，呈现白色。

　　2）形态

　　利用立体镜观察，可发现冰舌、冰斗、角峰、冰碛垄等地表形态（图 1-3-9）。冰斗出现在冰川上游的雪线附近，是冰雪挖蚀凹地，特点是三面陡崖峭壁，仅有一个开口朝向冰川下游。冰斗与冰斗之间形成锯齿状山脊和角峰。冰川谷为"U"形，谷底宽阔而缓平，谷坡较陡。在支冰川注入主冰川时，形成悬谷。冰川后退以后，冰川谷侧面形成冰碛垄。

图 1-3-8　岩溶地貌航空像对上的溶蚀洼地

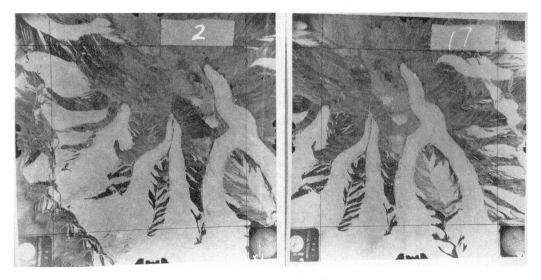

图 1-3-9　冰川地貌航空像对

5. 火山地貌的判读

火山是由熔岩或火山碎屑形成的锥形山体，有放射状水系。比较新的火山保持完整的火山口，如果积水则形成火山口湖（图 1-3-10）。比较古老的火山经长期侵蚀，仍保留环状山形状，火山熔岩流动构造明显。色调的深浅与熔岩性质有关。

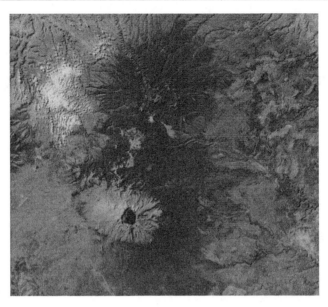

图 1-3-10　火山地貌

实验 1-4　卫星图像上绘制经纬线网

利用卫星遥感图像进行判读时，首先要判断卫星图像所覆盖的研究区域。纸质卫星遥感图像上有经纬度注记，遥感数字图像上有四个角点的经纬度坐标信息，根据经纬度就可以判断出具体的地理区域。

实验目的：熟悉卫星图像上的经纬度注记及符号，要求学生会绘制一个卫星图像的经纬线网。

实验数据和工具：Landsat 卫星图像、直尺、铅笔、橡皮、透明纸。

实验内容：

（1）观察卫星图像上经纬度的标注。

（2）在卫星图像上绘制经纬线网。

1. 卫星图像上经纬度的标注

在卫星图像图幅的四边，有经纬度标注，如图 1-4-1 中的 E113-30、N038-30。上下标注经度（可能出现较少的纬度注记），左右标注纬度（可能出现较少的经度注记），"E" 和 "N" 分别代表 "东经" 和 "北纬"，在经度注记前（或后）的短竖线为该经度的位置；在纬度注记的上（或下）的短横线为该纬度的位置。经纬度标注的间隔在中低纬度地区为 30′，在高纬度地区为 1°。

2. 绘制经纬线网实验

观察卫星图像四周的经纬度注记和位置标记（短竖线和短横线），观察时应注意图像的上下是否有纬度注记，图像的左右是否有经度注记。

在透明纸上，把对应经纬度位置标记的短竖线和短横线用直线连接，构成整个图像的经纬线网。

检查纬线是否平行、纬线间距是否相等；检查经线是否平行、经线间距是否相等。

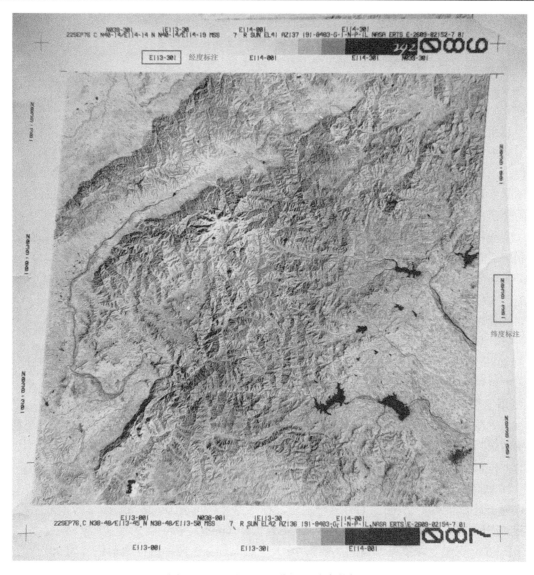

图 1-4-1　黑白卫星图像上经纬度的标注

实验1-5   卫星图像上的符号注记及元数据

利用卫星图像进行判读时，对于纸质的卫星图像，首先要阅读边框上的符号和注记，这是遥感图像判读时重要的辅助信息和一些技术参数，有助于理解遥感数据的成像时间、成像条件（卫星的方位角）、传感器类型、光照条件（太阳高度角和太阳方位角）等。对于遥感数字图像，要阅读元数据或头文件，了解是哪一种（颗）遥感卫星图像、成像时间、波段数量、空间分辨率（像元大小）、成像条件等信息。

实验目的：了解卫星图像边框上的符号和注记的意义，记住与判读有关的符号和注记；会利用遥感数字图像有关的元数据和头文件，读取与遥感图像判读有关的重要信息。

实验数据：纸质的 Landsat MSS 卫星图像、Landsat 数字图像的元数据文件、MODIS 图像的头文件。

实验内容：

（1）观察卫星图像上的各种符号和注记，写出注记和符号所代表的含义。

（2）记住与判读有关的注记含义，如遥感图像的成像时间、传感器、波段、太阳高度角、太阳方位角等。

1. 纸质卫星图像上的符号和注记解译实验

卫星图像上的四边有各种符号和注记，如重叠符号、经纬度注记、文字注记等，是利用遥感图像判读时重要的辅助信息和技术参数，有助于理解遥感数据的成像时间、成像条件（卫星的方位角）、传感器类型、光照条件（太阳高度角和太阳方位角）等。

1）编号

每一景 Landsat 卫星图像都有一个编号，称为 WRS（worldwide reference system）编号。如石家庄的一景，WRS 编号为 124-34，124 为轨道（path）号，34 为行（row）号。

Landsat 卫星全球覆盖一遍的周期为 16 天，共飞行 233 圈，因此轨道编号为 001～233。规定 64.6ºW 为 001，自东向西编号，我国位于 Landsat-4、Landsat-5 的 113～146 轨道号之间。行号是在任一给定的轨道上，当卫星沿轨道圈移动时给定的一个编号，它横跨一幅图像的纬度中心线。第一行为 80º47′N，与赤道重叠的为 60 行，到 81º51′S 为 122 行。从 123 行向北，到赤道为 184 行，到 81º51′N 为 246 行。我国大部分白天的遥感图像位于 23～48 行。

2）重叠符号

重叠符号"+"，在卫星图像的四角。多波段图像作假彩色合成时，各波段图像利用此标志进行准确的套合。"+"的两条对角线的交点即为遥感图像的中心点。

3）纵向重叠符号

"┬"和"—"，在卫星图像左右两侧的上方和下方，各有两个"┬"和"—"符号，表示相邻的上下两景图像的纵向重叠线（图 1-5-1）。在同一轨道上相邻的两景图像可以用此符号进行拼接。

4）经纬度注记

在卫星图像图幅的四边，有经纬度注记。上下两边标注经度，在经度注记前（或后）的短竖线为该经度的位置；左右两边标注纬度，在纬度注记的上（或下）的短横线为该纬度的位置。

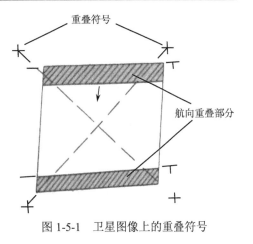

图 1-5-1　卫星图像上的重叠符号

5）灰标

黑白卫星图像下方数字代码下有一个 15 级灰阶表，第一级为白色，第 15 级为黑色。

6）文字注记

卫星图像的最下方有一行文字注记，如图 1-5-2 所示。文字注记的含义如下。

图 1-5-2　卫星图像上的文字注记

（1）22SEP76：遥感图像的成像时间为 1976 年 9 月 22 日。

（2）C N38-48/E113-45：遥感图像的中心点（C）的经纬度坐标，即 38°48′N，113°45′E。

（3）N N38-48/E113-50：遥感图像的像主点（N）的经纬度坐标，即 38°48′N，113°50′E。

（4）MSS 7（或 4、5、6）：表示传感器多光谱扫描仪 MSS 的第 7（或 4、5、6）波段图像。

（5）R（或 D）：R 表示延时发送，图像数据先储存，经过地面接收站时，再传送到地面。D 表示实时（直接）传送，即传感器获取的数据直接传送到地面。

（6）SUN EL42 AZ136：SUN EL42 表示太阳高度角为 42°，AZ136 表示太阳方位角为 136°（北为 0°，顺时针方向旋转，东为 90°，以此类推）。

（7）191-8483-G（或 A、N）：191 表示卫星运行的方位角为 191°（从正北，顺时针算起）；8483 表示卫星运行的轨道圈数；G（或 A、N）表示地面接收站，G 代表美国加利福尼亚州戈尔茨顿接收站，A 代表美国阿拉斯加州的苏尔班斯克接收站，N 代表美国马里兰州戈达德空间中心。

（8）1-N-P-1（或 2）L：第一个 1 表示图像是整景尺寸；N 表示图像按正常方式处理（A 表示非正常方式处理）；P 表示图像中心点是按轨道历计算（D 表示按天体历计算）；第二个 1 表示资料发送按线性方式（2 表示压缩方式）；L 表示传感器低增益（H 表示高增益，增益为放大倍数的对数）。

（9）NASA ERTS：NASA 表示美国国家航空航天局（National Aeronautics and Space Administration）；ERTS 表示地球资源技术卫星，是美国 Landsat 卫星系列最初的名称。

（10）E-2609-02154-7 01：E-2 表示 ERTS-2 卫星；609 表示卫星发射起算的天数；02154 表示成像时间（时、分、秒），为格林尼治时间 2 时 15 分 40 秒（末位数字为 10 秒数）；7 表示 MSS 的第 7 波段；01 表示视频带使用次数。

（11）D132-032：卫星图像的 WRS 标注（有的卫星图像有，有的没有）。这里，D 表示卫星下降（A 表示卫星上升）；132-032 表示遥感图像的 WRS 编号。

2. 遥感数字图像的元数据读取实验

Landsat 5 数字图像数据有一个名为 header.dat 的文件，打开此文件读取与遥感图像判读有关的重要信息，如图 1-5-3 所示。

```
WRS =124/031009（WRS 编号）      ACQUISITION DATE =19990529（成像时间）
SATELLITE =L5 （Landsat 5 卫星）    PIXEL SIZE =30.00（空间分辨率）
 PIXELS PER LINE= 6920（列数）      LINES PER IMAGE= 5728（行数）
  UL 1144727.6432E 423950.6196N     318891.811    4727850.625
 UR 1165912.0082E 422038.4315N      498901.229    4689931.090
 LR 1162758.9056E 405041.7205N      454996.170    4523568.533
 LL 1141914.9338E 410922.3478N      275104.175    4561463.332    （四个角点坐标）
BANDS PRESENT =1234567（7 个波段）
SUN ELEVATION =62（太阳高度角）     SUN AZIMUTH =129 （太阳方位角）
  CENTER 1153744.7672E 414534.0730N    385989.929    4625910.555   3389   2865（中心点坐标）
```

图 1-5-3　Landsat 数字图像头文件的重要信息

美国 MODIS 数字图像数据有一个后缀为.hdr 的头文件，打开此文件读取与 MODIS 图像判读有关的重要信息，如图 1-5-4 所示。

```
samples = 341（列数）
lines    = 295（行数）
bands    = 3 （波段数）
data type = 1
interleave = bsq  （数据类型为 BSQ）
sensor type = MODIS  （传感器）
map info = {UTM, 1.000, 1.000, 195592.677, 4295156.057, 5.0000000000e+002,
5.0000000000e+002, 50, North, WGS-84, units=Meters}  （UTM 投影及参数）
```

图 1-5-4　MODIS 数字图像头文件的重要信息

实验1-6 典型卫星图像的判读

根据遥感探测的波段和成像性质，遥感图像可分为光学遥感图像、热红外遥感图像和雷达遥感图像。这三种不同类型的遥感图像有各自的成像时间及独特性，在遥感图像上地物的判读方法也不同。

实验目的： 识别彩红外卫星图像、热红外遥感图像和雷达遥感图像上的水体、地貌、植被、居民地和交通道路等要素的特征，会对各类卫星图像进行判读。

实验数据： Landsat卫星图像、热红外图像、雷达遥感图像，辅助数据为各种专题地图如水体分布图、政区图、居民点图等，以及彩色航空图像。

实验内容：

（1）彩红外卫星图像的判读。

（2）热红外遥感图像的判读。

（3）雷达遥感图像的判读。

1. 卫星图像的特点

（1）卫星图像更具宏观性。与航空成像相比，卫星的成像距离更高（>80km），一般比例尺更小，覆盖地表的面积更大，综合概括性更强。

（2）卫星图像更具有多波段特点。卫星扫描同步获得多波段图像，Landsat图像可称为宽波段图像。高光谱遥感在可见光、近红外、中红外、热红外电磁波段范围内，获取许多非常窄的（一般<10nm）光谱连续的数据，成像光谱仪可收集到上百个光谱波段信息。高光谱遥感的出现是遥感界的一场革命。波段选择的针对性越来越强，信息量更丰富，分辨地物的能力更强。

（3）卫星图像的时相动态性好。卫星在一定高度的轨道上绕地球不断运行，以一定周期重复扫描地球，不断更新获取的数据。

2. 卫星图像目视判读注意事项

卫星图像的视域范围广，反映的信息量比航空像片丰富，展现了各地物间空间分布的关系，同时，可以通过演绎推理、去粗取精、去伪存真，由表及里进行逻辑推理。

（1）首先了解图外信息，如地理位置、影像注记等。纸质的卫星图像首先要阅读边框注记，数字图像要阅读元数据或头文件，了解图像的成像时间、地理位置、成像条件等信息。

（2）强调色调特征的分析。色调与地物本身的颜色、表面结构、湿度、植被覆盖度、光照条件等有关，还与成像时间有关，要注意各个单波段图像的色调；同时比较彩色合成（真彩色或假彩色）图像的色调。

（3）结合地物不同波段的光谱特征，如近红外波段图像只反映地物在此波段的反射特性，而热红外波段图像反映地物在热红外波段的发射信息或温度的高低。

（4）注意图像上群体特征的分析，如岩溶地貌在图像上的"橘皮状"或"花生壳状"图案；黄土地貌地区水土流失严重，沟谷纵横，地表破碎，呈密集的树枝状图案。

（5）强调各种资料的对比分析，如不同波段图像对比；多波段合成图像对比；不同时相图像的对比；不同类型的卫星图像对比、和专题图对比、和已知资料的对比等。

（6）强调逻辑推理，注重运用专业知识和经验进行判读，如由水系格局决定地貌类型、植被类型与土壤类型有关等。

3. 彩红外卫星图像的判读实验

彩红外卫星图像是由绿、红和近红外波段合成的标准假彩色图像，在遥感应用中最广泛。茂盛的绿色植物在彩红外图像上呈红色，不同类型、不同生长阶段、健康与发生病虫害的植物的色调都不同，如针叶林为暗红色，阔叶林为鲜红色，发生病虫害的植物呈现污浊的铁锈色，伪装的绿色地物呈现蓝色。居民点呈蓝灰色，水体呈现蓝黑色或蓝灰色（图 1-6-1）。水体越清澈，色调越深；混浊的和受污染的水体，色调变浅；水体中如有植物生长，色调会稍红一些。

图 1-6-1*　Landsat 彩红外卫星图像

4. 热红外遥感图像的判读实验

1）特点

（1）波谱范围。热红外遥感的成像波谱范围为 3～15μm，其中有两个大气窗口：3～5μm（中红外）和 8～14μm（远红外）。热红外辐射产生于物体的自由电子和分子的运动，当物体的温度大于 0K（−273℃）时，就会不停地发射红外辐射。热红外遥感遵循黑体辐射的三大定律：斯蒂芬-玻尔兹曼定律、维恩位移定律和基尔霍夫定律。

（2）记录的是热辐射能量的强度。热红外遥感图像记录的是地物发射长波红外辐射（热辐射）能量的能力，影像对温度比对发射能力的敏感性更高，因为热辐射强度与温度的四次方成正比，温度的微小变化就能产生很大的色调差别。热红外图像实质上是地表辐射温度分布的反映。

（3）不受日照限制，昼夜成像。热红外遥感图像采用光学机械扫描方式成像，记录的是地物本身的热辐射（发射波谱）状况，所以不受日照的限制，可在夜间成像，即昼夜成像。

2）判读

（1）色调与发射率和温度有关。热红外图像上的色调取决于地物热辐射能量的大小，热辐射能量取决于地物的温度和发射率。温度越高，热辐射能量越大，热红外遥感图像上的色调就越浅（亮）；温度越低，热辐射越弱，色调越深（暗）。

（2）色调与地物之间温差的关系。热红外图像上地物之间的温差越大，影像反差越大，在热红外图像上越清晰。而温差由日照和地物性质决定，所以黎明前热红外成像效果最好，不易出现热阴影和光晕现象。如白天成像，水体温度低，在热红外图像上呈现黑色，而陆地温度高，呈现白色[图 1-6-2(a)]；如夜间成像，水体热容大温度高，呈现白色；陆地迅速降温，呈现黑色[图 1-6-2(b)]。高温热源物体，如林火、地热源、活火山等，任何时刻温度都高，因此在热红外图像上的色调均浅。

（3）形态有变形。热红外图像接收的是地物热辐射强度，非热源地物，如水体、山地、农田等，一般呈现近似真实的形状。热源地物或温度高的地物，向周围空间辐射的红外能量大，产生光晕现象，地物的形状被歪曲或扩大。

(a) 白天成像   (b) 夜间成像

图 1-6-2   白天和夜间生成的热红外图像

5. 雷达遥感图像的判读实验

1）特点

（1）主动式和全天时全天候成像。雷达工作时通过天线向目标地物发射微波脉冲信号，并接收地物与微波相互作用后返回到天线的反射或后向散射信号，并记录成像。雷达成像采用波长为 1mm～1m 的微波波段，是主动式遥感，其工作完全不依赖于太阳，可全天时成像。侧视雷达工作时向目标物侧向发射微波，由于地面各点到传感器的距离不同，接收机接收到许多信号，根据地物离传感器距离的远近，先后依次记录成像。根据瑞利散射的原理，散射强度与波长的四次方成反比，因为微波的波长长，其散射与吸收和红外线相比小得多，在大气中衰减较少，所以穿透力较强，不受云、雾、雨限制，因此能全天候成像。

（2）穿透力强。雷达遥感穿透力强，可在一定程度上获取隐伏的信息，对冰雪、沙地、土壤、森林树冠等有一定的穿透能力，如印度尼西亚全年绝大部分地区有浓厚的云层和被森林覆盖，但雷达能穿透云层和森林，从图 1-6-3 可以看出火山迹象明显。可探测隐藏在林下的地质构造，如断层、断裂以及地下的矿藏，如泥炭、煤，还可探测沙漠下的古河道及地下水（图 1-6-4），也可探测积雪深度和土壤湿度。

（3）可侧向发射和回收。雷达遥感可以侧向发射、回收电磁波，微波天线可以调整，获取更多的地表特性，如在雷达图像上产生适量的阴影，突出区域的地貌特征。

（4）多频率、多极化、多视角。雷达可采用多种频率、多种极化方式、多个视角进行工作，获取目标的空间关系、表面粗糙度、对称性和介电特性等信息。雷达波束具有偏振性，

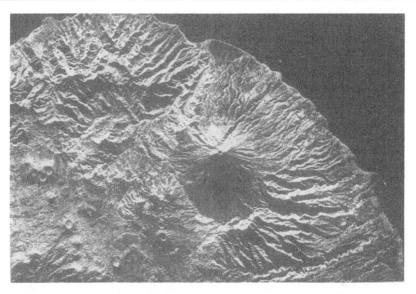

图 1-6-3　印度尼西亚地区的侧视雷达图像

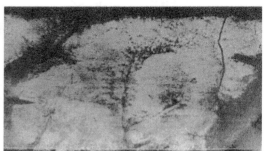

(a) Landsat MSS 图像　　　　　　　　　　　(b) L 波段的 SIR-A 雷达图像

图 1-6-4　不同类型遥感图像上的撒哈拉沙漠

表现为极化，改变雷达发射天线的方向，就可以改变极化方式。雷达信号的发射和接收可以是不同模式的极化，有 HH、VV（同向极化）和 HV、VH（异向极化或交叉极化）。极化是影响后向散射的一个重要系统参数，HH、VV 极化的图像，从地物表面返回的雷达回波很强，是单向散射，如冠层顶部的散射；而森林的散射称为体散射，包括森林树冠、树叶、树枝等的散射，是多次散射。

　　2）判读

　　（1）色调。地物在雷达图像上的色调反映了天线接收到的地物回波的强弱。回波信号强，则雷达图像上色调浅；回波信号弱，则色调深。雷达回波的强度：强、中、弱、无，表现在图像上则依次呈现白、灰色、暗黑、黑色色调（图 1-6-5）。

　　（2）阴影特征。山体的正面朝向天线，回波强，因此图像色调浅；山体的背面属于阴影区，无雷达回波，图像色调呈现黑色。

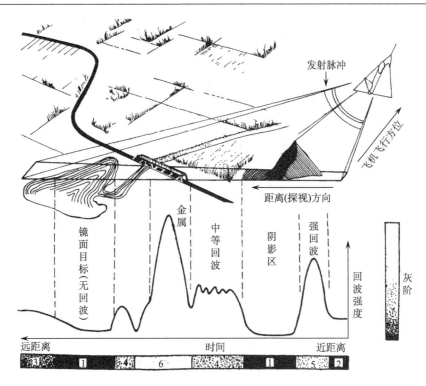

图 1-6-5　不同地物的雷达回波和图像色调的对应关系

（3）与地表粗糙度的关系。地表粗糙度是决定雷达回波功率强弱的基本因素，决定了它对电磁波的反射形式。对于光滑的表面，如水体，属于镜面反射，天线接收不到回波，或回波信号很弱，因此雷达图像上的色调很深，平静的水体在雷达图像上呈现黑色。地表越粗糙，对入射到其表面的电磁波产生漫反射或方向反射，回波信号相对越强，如草地是漫反射，在雷达图像上呈灰白色。树木或森林，是来自叶子、树冠、树枝、树干的体散射，因此为中等强度的回波，图像色调较浅。建筑物的墙与地面、墙与墙之间构成角反射体，使雷达波返回的可能性大大增加，因此，侧视雷达图像上的居民点和与侧视雷达波垂直的街道的色调很亮（图 1-6-6）。

（4）不同波段和极化方式。同一地区的雷达图像，如果采用的分别是 H、C、L 波段，则它们成像的色调明显不同。波长不同，其有效粗糙度不同。地物在不同极化方式的雷达图像上的色调也是不同的。雷达图像判读时，HH、VV 极化获得的影像，色调越亮，表面散射越大；而 HV、VH 极化获得的影像，色调越亮，体散射越大。

（5）与地物的电特性的关系。电特性量度是复介电常数，是表示物体导电、导磁性能的一个参数。金属物体比非金属物体的复介电常数大，反射雷达波很强，在雷达图像上的色调浅。如金属桥梁、海上铁塔、铁轨、铝金属飞机等在侧视雷达图像上呈亮白色。当高压输电线路与雷达波入射方向垂直时，也为亮白色线状。

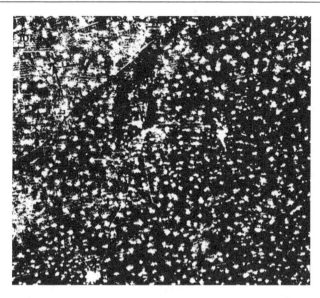

图 1-6-6　L 波段（23.5cm）的河北—山东的 SIR-A 雷达影像（来自美国 JPL）

　　在雷达图像解译中，含水量常常是复介电常数的代名词。潮湿的土壤比干燥的土壤复介电常数大，当地物含水量大时，雷达波束穿透力就大大减小，反射能量增大，色调变浅。

第2部分 遥感数字影像处理系列实验

实验 2-1 了解遥感图像处理的内容，初识 ERDAS IMAGINE 和 ENVI 软件

遥感数字图像处理软件众多，比较流行的有：美国克拉克大学开发的 IDRISI、加拿大 PCI 公司开发的 PCI Geomatica、美国的 ERDAS IMAGINE 和 ENVI（the Environment for Visualizing Images）等。还有一些专门用于处理某类遥感数据的软件，如中国科学院遥感与数字地球研究所开发的高光谱图像处理与分析系统（HIPAS），或用于专门处理 MODIS 等数据的软件。

实验目的：了解遥感图像处理软件 ERDAS IMAGINE 9.2 和 ENVI 5.3 的主要模块及功能，初步认识这两个软件。

实验环境：ERDAS IMAGINE 软件和 ENVI 软件。

实验内容：ERDAS IMAGINE 软件的主要模块及功能、Viewer 的主要功能、ENVI 软件的主要模块及功能。

1. ERDAS 软件的主要模块及功能

ERDAS IMAGINE 是由美国 ERDAS 公司开发的专业遥感图像处理系统，产品面向广阔的应用领域，有服务于不同层次的模型开发工具以及遥感与 GIS 的集成功能，是全球颇受欢迎的功能强大的遥感图像处理系统。ERDAS IMAGINE 9.2 软件是视窗形式的处理系统，图标面板上有 15 个主要处理功能模块，包括视窗、数据输入/输出、数据预处理、地图设计、影像解译、影像分类、空间建模、矢量、雷达、虚拟 GIS、正射校正等（图 2-1-1）。

1）视窗模块功能

视窗（Viewer）是显示栅格（raster）、矢量（vector）、注记（annotation）、数字高程模型（digital elevation model, DEM）、感兴趣区（area of interest，AOI）数据的主要窗口。在视窗中，能打开多种格式的数据。

（1）显示影像。在视窗中，打开 Landsat TM 影像，点击"Raster"菜单下的"Band Combinations..."，设置 R、G、B 三个通道的波段组合，会显示不同的遥感图像彩色合成，如 4、3、2 波段组合，为彩红外合成影像；3、2、1 波段组合，为真彩色合成影像；其他任意波段组合，为假彩色合成影像。

（2）像元信息查询。在视窗中，点击"Utility"菜单下的"Inquire Color..."和"Inquire Shape..."，可以分别改变十字光标的颜色及形状。点击"Utility"菜单下的"Inquire Cursor..."，可以查询像元信息，显示十字光标处像元的位置坐标以及像元在各个波段的数据文件值（图 2-1-2）。

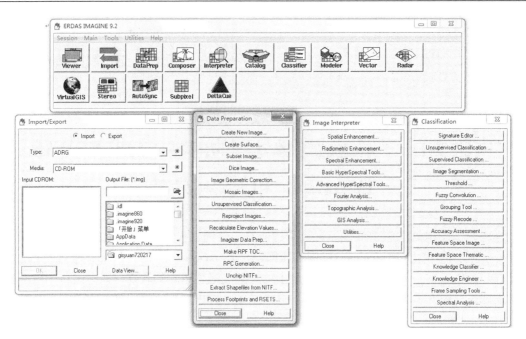

图 2-1-1　ERDAS IMAGINE 软件的功能模块

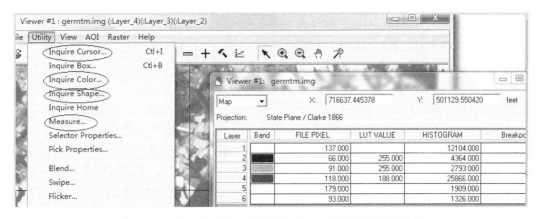

图 2-1-2　查询光标处像元的位置坐标及各波段的数据文件值

（3）量测工具。点击"Utility"菜单下的"Measure"量测工具，可以量测遥感图像上线的长度和角度，或多边形的面积和周长。

（4）图像叠加。在视窗中，打开两个图像 lanier.img 和 lnsoils.img，进行叠加。"Utility"菜单下的"Blend..." "Swipe..." "Flicker..."可分别进行两个图像的混合、卷帘、闪烁动态交互显示，既可以设置显示速度进行自动显示，也可以拖动工具条进行手动显示（图 2-1-3）。

（5）图像的链接。在两个视窗中，分别打开两个图像，在任一视窗中点击右键，选择"Geo.Link/Unlink"，在另一个窗口中点击，此时两个窗口中的数据就进行了动态地理链接。点击查询光标，在两个窗口中同时显示光标。在一个窗口中移动光标位置，在另一个窗口中的光标也随之移动到相同位置，坐标信息也随之改变。点击右上角的"旋转"按钮，转换到另一个图像的信息显示（图 2-1-4）。

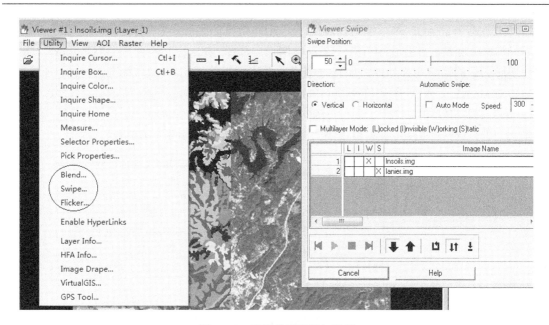

图 2-1-3　影像的卷帘叠加显示

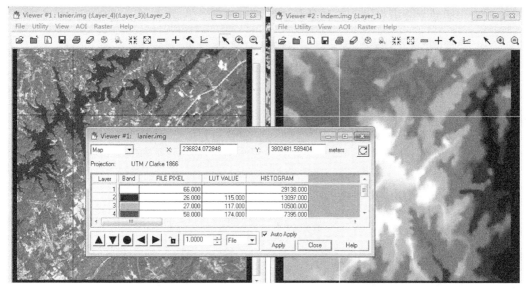

图 2-1-4　两个图像的地理链接

（6）栅格属性编辑。打开一个专题文件，如 lnsoils.img，选择"Raster"菜单下的"Attribute"，可以编辑各种土壤类型的名称和颜色。

（7）创建 AOI。在打开遥感图像的视窗中，选择"AOI"菜单下的"Tools"工具，可用多边形工具画一个 AOI；对影像的处理仅限于 AOI 定义的区域，可节省处理时间和磁盘空间。

（8）影像变换。在视窗中打开一个遥感图像，选择"Raster"菜单下的"Contrast"，可以进行遥感图像的简单增强处理，如直方图均衡（Histogram Equalize）、标准差拉伸（Standard Deviation Stretch）、亮度/对比度变换（Brightness/Contrast）等。

（9）剖面（Profile）工具。打开遥感图像文件 Hyperspectral.img，是一个有 55 个波段的高光谱文件。选择"Raster"菜单下的"Profile Tools"，出现如图 2-1-5 所示的窗口。

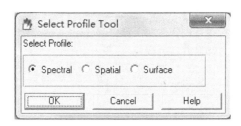

图 2-1-5　剖面工具

波谱剖面（Spectral Profile）。选择"Spectral"，点击"OK"，出现如图 2-1-6 所示的窗口。利用符号"+"在遥感图像上的特定像元处点击，就会得到像元处所代表的地物的波谱曲线。此功能对高光谱数据分析有用，尤其是在估算物质的化学组成时。

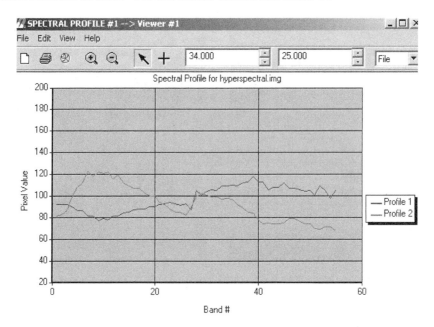

图 2-1-6　高光谱数据的波谱剖面

空间剖面（Spatial Profile）。选择图 2-1-5 中的"Spatial"，点击"OK"，点击"折线"符号在遥感图像上画一条曲线，可看出此距离内各个波段像元值的变化（图 2-1-7）。这条线经过的地物越多，越复杂，像元值的变化就越大。在"Spatial Profile"窗口中，点击"Edit"→"Chart Options"，可以编辑空间剖面的标题、X 轴和 Y 轴的标注、填充颜色等。

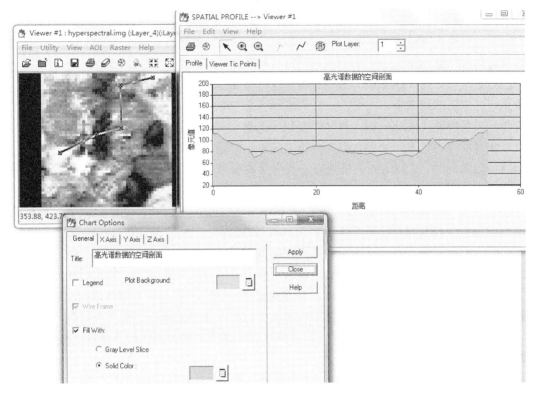

图 2-1-7　高光谱数据的空间剖面

表面剖面（Surface Profile）。选择图 2-1-5 中的"Surface"，点击"OK"，利用"□"符号在遥感图像上画一个矩形区域，可看出此矩形内各个波段像元值的变化（图 2-1-8）。此功能是把任一波段看作地形表面，显示区域内的像元值的变化。

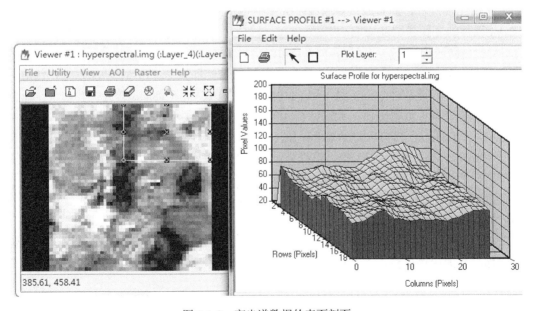

图 2-1-8　高光谱数据的表面剖面

2）其他模块的功能

（1）数据输入/输出（Import/Export）模块，允许输入和输出多种类型的数据，包括矢量、栅格等，如 SPOT、MSS、PCX、DXF、Tif、ASCII 等。

（2）数据预处理（Datapre）模块，提供了一套数据预处理工具，如影像镶嵌、裁切、几何校正、产生三维地表等。

（3）影像解译（Interpreter）模块，提供了影像解译和增强的工具，包括空间增强、波谱增强、辐射增强、傅里叶分析、地形分析、GIS 分析等。

（4）影像分类（Classifier）模块，主要用于监督分类与非监督分类、影像分割、精度评价、分类后处理等。

（5）矢量（Vector）模块，主要是对矢量图层进行操作。Vector 功能提供了矢量和栅格处理的综合 GIS 软件包。矢量工具基于 ArcInfo 数据模型，因此 ArcInfo coverage 数据不需要转换即可用于 GIS 中。通过把矢量数据和栅格数据综合到一个系统中，可建立研究区的完整数据库。把矢量数据叠加到精确的栅格数据图层上，以更新矢量信息，包括属性。

（6）地图设计（Composer）模块，是专业制图与输出工具，用于设计地图的图幅大小、标题、图例、比例尺的位置以及注记字体及大小，为硬拷贝地图的创建准备数据。

（7）图像目录（Catalog），是管理影像信息的数据库，包括影像的波段数、行数、列数、影像类型、投影等信息。

（8）雷达（Radar）模块，主要对雷达影像进行处理操作，包括斑点噪声抑制、纹理分析、斜距及亮度调整等。

（9）虚拟 GIS（Virtual GIS）模块，是虚拟三维现实的图像显示的分析模块，可设计一定的飞行路线，实时贯穿飞行。

（10）正射校正（Orthobase）模块，是对遥感图像进行正射校正的工具。

（11）空间建模（Modeler）模块，是图形驱动的空间数据模型，使用图形流程图能快速达到复杂的建模过程，能集成矢量和栅格数据进行空间分析。

2. ENVI 软件的主要模块及功能

ENVI 是创建于 1977 年的美国 RSI 公司的产品，是由遥感领域的科学家采用交互式数据语言（interactive data language，IDL）开发的遥感图像处理软件。ENVI 功能强大，包括了先进的多光谱和高光谱数据分析工具，除了常用的 ISODATA、K-means 等分类算法外，还有如混合像元分类、线性波谱分离、波谱特征匹配、神经网络分类等波谱分析功能。支持多种传感器数据，如 Landsat，SPOT，Quickbird，IRS，AVHRR，ASTER，MODIS 与 MISR，ENVISAT 卫星的 ASAR、MERIS 和 AATSR，热红外及雷达数据等。可对多光谱/高光谱遥感数据进行辐射校正，通过 MODTRAN 辐射传输模型的大气辐射校正模块进行。支持不同传感器数据的几何校正，如对 SPOT、AVHRR、ENVISAT、MODIS 1B 等数据的正射校正等，校正方式灵活，拥有多种参数选择。

ENVI 5.3 是一个完整的遥感图像处理系统，集图层显示、功能菜单、处理工具、图层管理为一体，界面由菜单栏、工具栏、图层管理、工具箱四部分组成（图 2-1-9）。

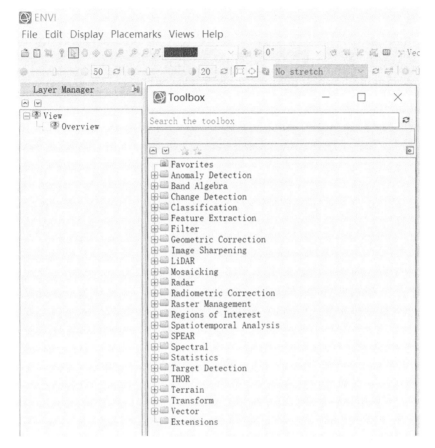

图 2-1-9 ENVI 5.3 软件界面

1）菜单栏

（1）"File"菜单用于打开常见数据文件和特定数据文件、保存及输出文件。

（2）"Edit"菜单用于撤销、重做、重命名项目、移除图层和图层排序。

（3）"Display"菜单用于窗口显示和显示窗口叠加方式。

（4）"Placemarks"菜单用于创建地理书签，记录指定区域，快速切换图像中记录的不同区域。

（5）"Views"菜单用于新建一个视窗，选择视窗显示数量以及链接。

（6）"Help"菜单用于帮助了解软件功能。

2）工具栏

（1）快捷键：查看图像 DN 值；放大、缩小、移动图像；绘制光谱曲线；ROI 工具；矢量编辑和添加注记。

（2）设置图像亮度、对比度、局部或全局图像拉伸、透明度。拉伸显示改变的是屏幕上的显示值，并没有改变像元 DN 值。

（3）透视工具：可通过叠加图层的混合（View Blend）、闪烁（View Flicker）或卷帘（View Swipe）显示两个图层。

3）图层管理

（1）File Information：显示图像波段、数据路径、行列数、波段数、数据存储类型、数据格式、传感器类型、波长范围等信息，这些信息记录在头文件中。

（2）Band Selection：可对多光谱数据进行波段合成，通过依次选择波段使不同波段在 RGB 通道显示。

4）工具箱

Toolbox 界面，整合了经典 ENVI 菜单工具，右上角的小图标可以将工具箱浮动。Toolbox 最上面有一个搜索框，支持模糊搜索。工具箱包括 24 个工具，按顺序依次为 Anomaly Detection（异常检测）、Band Algebra（波段运算）、Change Detection（变化检测）、Classification（图像分类）、Feature Extraction（特征提取）、Filter（滤波）、Geometric Correction（几何校正）、Image Sharpening（图像融合）、LiDAR（激光雷达）、Mosaicking（图像镶嵌）、Radar（雷达）、Radiometric Correction（辐射校正）、Raster Management（栅格数据管理）、Regions of Interest（感兴趣区）、Spatiotemporal Analysis（时空分析）、SPEAR（spectral processing exploitation analysis resource，波谱处理与分析）、Spectral（波谱处理）、Statistics（统计）、Target Detection（目标检测）、THOR（高光谱分析流程化工具）、Terrain（地形）、Transform（变换）、Vector（矢量）、Extensions（扩展）工具。

实验 2-2 遥感数据的输入输出和多波段彩色合成

遥感数据的输入是遥感图像预处理的第一步。用户获得遥感数据后，首先需要把各种格式的原始遥感数据输入到计算机中，转换为遥感图像处理软件能够识别的格式，才能够进行下一步的应用。当单波段的原始遥感数据输入到计算机后，常常需要把单波段的遥感数据合成为多波段的彩色遥感图像，因为人眼对彩色物体的分辨能力更高，彩色遥感图像的信息量更大；而且利用多波段的彩色遥感图像，还可以进行任意三个波段的遥感图像的彩色合成，以提高对不同地物的识别能力。

实验目的：学会利用 Import/Export 模块输入输出多种格式的遥感数据，会利用 ERDAS 和 ENVI 软件由单波段的灰度图像进行多波段的彩色合成。

实验数据：Dat 格式的 Landsat TM 数据、TIFF 格式的 Landsat-8 OLI 数据、Shapefile 格式的矢量数据。

实验环境：ERDAS 软件的 Import/Export 模块和 Layer Stack 功能；ENVI 软件的 Layer Stacking 功能。

实验内容：

（1）ERDAS 软件中数据输入输出及多波段彩色合成。

（2）ENVI 软件中多波段彩色合成。

1. 遥感数据的存储格式

遥感数据的存储格式有 BSQ、BIL、BIP 等。常用的两种数据存储格式是 BSQ 和 BIL。

1）BSQ 格式

波段顺序（band sequential，BSQ）格式是按波段顺序记录遥感影像数据的格式。每个波段的图像数据文件单独形成一个影像文件，数据文件按其扫描时的顺序一行一个记录存放，先存放第一个波段，再存放第二个波段，直到所有波段存储完为止[图 2-2-1(a)]。BSQ 格式是记录图像最常用的格式，Landsat 多波段数据存储采用的就是 BSQ 格式。BSQ 格式的数据包括影像数据文件和属性文件：影像数据文件是核心文件，属性文件记录了传感器信息、成像时间、WRS 编号、成像条件（太阳高度角、太阳方位角）以及投影信息等。

2）BIL 格式

波段交叉（band interleaved by line，BIL）格式是按照波段顺序交叉排列的遥感数据格式。如 Landsat MSS 有四个波段，其影像数据文件的排列顺序是：先排第一波段的第一扫描行（记录 1），第二波段的第一扫描行（记录 2），第三波段的第一扫描行（记录 3），第四波段的第一扫描行（记录 4）；然后排第二扫描行，第三、第四扫描行，直到所有扫描行都排完为止[图 2-2-1(b)]。

2. ERDAS 软件中数据输入输出及多波段彩色合成实验

利用 Import/Export 模块，ERDAS 可输入和输出多种类型的数据，包括不同类型的、不同格式的传感器数据、栅格数据和矢量数据等。

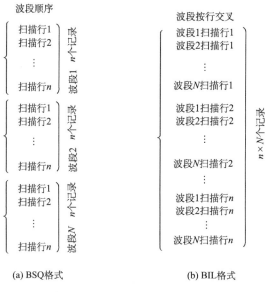

(a) BSQ格式　　　　　　　　　(b) BIL格式

图 2-2-1　遥感数据的存储格式

1）Img 格式遥感图像转化为 Tif 格式

利用"Import/Export"模块，点击"Export"，选择类型为 GeoTiff，给出输出文件的名称。

2）二进制格式（Dat）遥感数据转化为 Img 格式

利用"Import/Export"模块，点击"Import"，输入类型为"Generic Binary"，加入 Dat 格式的遥感数据，选择 BSQ 数据格式，从遥感影像头文件中读取行数和列数，输入到参数中（图 2-2-2），也可预览（Preview）遥感图像。结果为软件默认的 Img 格式的遥感图像。

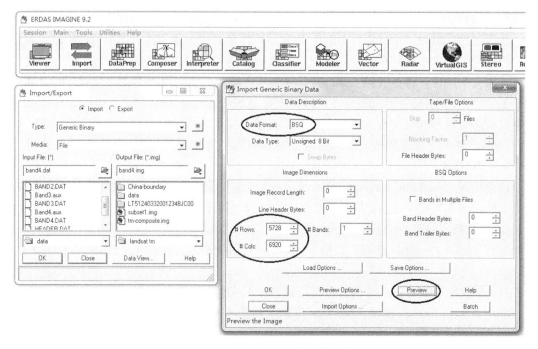

图 2-2-2　Dat 格式的遥感数据输入输出

3）Shapefile 格式的矢量文件转化为 Coverage 格式

在 ArcView 中默认的文件类型为 Shapefile 格式，利用"Import/Export"模块，点击"Import"，类型设置为"Shapefile"，输出 ArcGIS 软件能够识别的 Coverage 格式的数据。

4）多波段彩色合成

检查各个灰度图像是否正常。在"Image Interpreter"模块中，选择"Utilities…"→"Layer Stack…"，在"Layer Selection and Stacking"中，点击"Add"，依次加入 Tif 格式的 Landsat TM 数据的第 1、第 2、第 3、第 4、第 5、第 7 波段，输出数据为"Unsigned 8 bit"，选择"Ignore Zero in Stats."（统计忽略 0），如图 2-2-3 所示。Landsat TM 彩红外合成影像结果如图 2-2-4 所示。

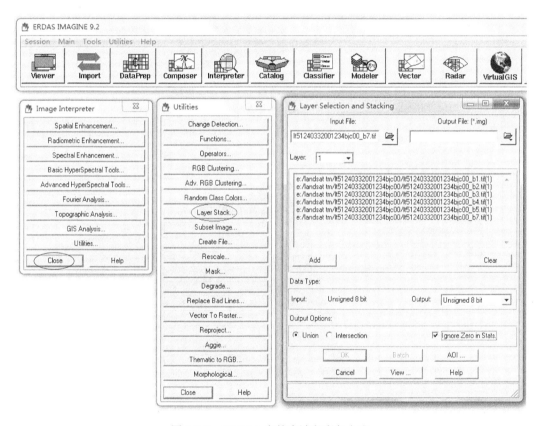

图 2-2-3　ERDAS 中的多波段彩色合成

3. ENVI 软件中遥感数据的多波段彩色合成实验

（1）ENVI 软件中，点击"Open"按钮，将美国 Landsat-8 OLI 遥感影像的第 2、第 3、第 4、第 5、第 6、第 7 波段数据依次加入，查看各个波段是否正常。双击近红外波段（波段 5），打开"View Metadata"窗口，显示图像的有关信息，如"Raster"中显示行数（7971）、列数（7851）；"Map Info"中显示空间分辨率（30m）（图 2-2-5）；"Coordinate System"中显示投影信息。

图 2-2-4* Landsat TM 彩红外合成影像

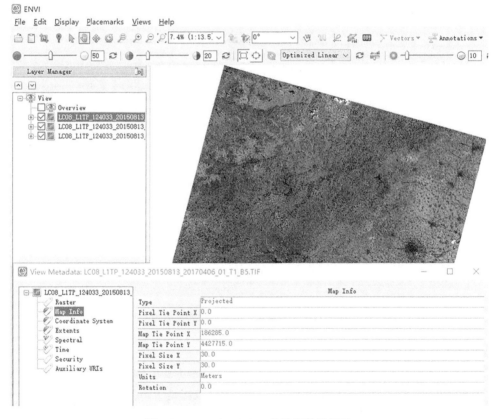

图 2-2-5　Landsat-8 OLI 单波段数据显示

（2）在 Toolbox 中，点击"Raster management"的"Layer Stacking"，弹出"Layer Stacking Parameters"对话框。点击"Import File…"，选择要进行彩色合成的波段，数据显示在"Selected Files for Layer Stacking"中。如要删除波段，选中数据，点击"Delete"。可通过点击"Reorder

Files…"，拖拽排列波段顺序（图 2-2-6）。"Output Map Projection"用于设置投影系统，默认投影系统为 UTM 投影。"X Pixel Size"和"Y Pixel Size"用于设置输出像元大小，默认为 30m。"Resampling"（重采样）方法：选择最近邻点法、双线性内插法或立体卷积法。

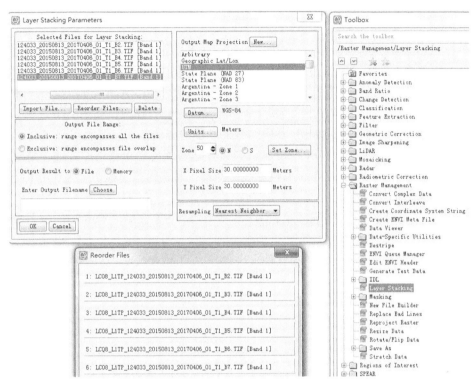

图 2-2-6　多波段彩色合成的波段输入

（3）结果显示。在"Layer Manager"面板中，选择遥感影像，右键点击，选择"Change RGB Bands"，可进行彩红外及多种假彩色显示（图 2-2-7）。

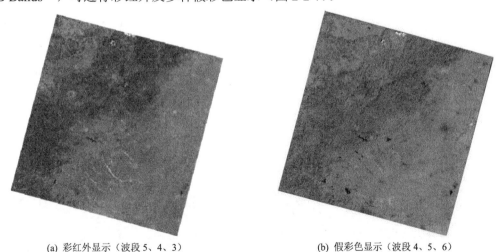

(a) 彩红外显示（波段 5、4、3）　　　　　　(b) 假彩色显示（波段 4、5、6）

图 2-2-7* 　Landsat-8 OLI 图像的多种彩色显示

实验 2-3 遥感影像的裁切

在进行遥感影像分析时，经常是利用原始的一景遥感影像得到较小范围的感兴趣区域的遥感影像，这就需要对遥感影像进行裁切。遥感影像的裁切方法有很多种。在 ERDAS 软件中，进行遥感影像裁切的方法有：利用查询框的规则裁切、利用 AOI 工具的裁切、利用矢量数据的不规则裁切；在 ENVI 软件中，进行遥感影像裁切的方法有：利用 ROI 工具进行的不规则裁切、利用矢量文件进行的裁切、利用 Mask 功能进行的裁切以及利用阈值进行的裁切。

实验目的：学会在 ERDAS 软件和 ENVI 软件中进行遥感影像裁切的方法。理解 AOI 和 ROI 的含义，会利用查询框、AOI 和矢量界线文件进行遥感影像的裁切；会利用 ROI、Mask 与阈值等进行遥感影像的裁切。

实验数据：ERDAS 软件 Examples 文件夹中的数据、石家庄地区 Landsat TM 影像和感兴趣区域的行政界线矢量数据。

实验环境：ERDAS 软件和 ENVI 软件。

实验内容：

（1）在 ERDAS 软件中的裁切。

（2）在 ENVI 软件中的裁切。

1. ERDAS 软件中的遥感影像裁切实验

1）利用查询框进行裁切

打开遥感影像 Germtm.img，点击右键，选择"Inquire Box"（查询框），此矩形框在遥感影像上可移动、可伸缩形成所需范围的大小（图 2-3-1）。利用 ERDAS "DataPrep" 模块中的 "Subset Image..." 功能，选择 "From Inquire Box"（图 2-3-2），勾选 "Ignore Zero in Output Stats"，得到裁切的影像（图 2-3-3）。

图 2-3-1 用查询框选择一定范围的遥感影像

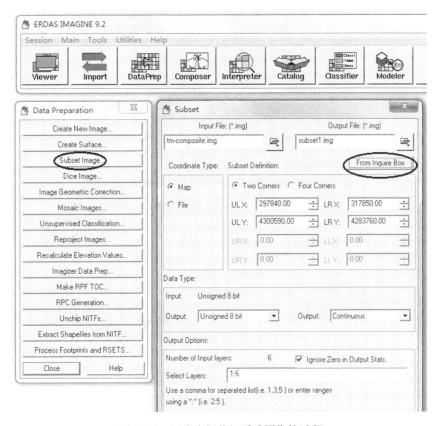

图 2-3-2 用查询框裁切遥感图像的过程

图 2-3-3* 用查询框裁切得到的规则遥感影像

2）利用 AOI 工具进行裁切

在 ERDAS 软件的一个视窗中打开需要裁切的遥感影像，选择"AOI"→"Tools"，打开 AOI 工具，用 AOI 工具画一个规则矩形或不规则多边形（图 2-3-4）。如果想以后再用此边界，可以保存 AOI 文件，点击"File"→"Save AOI As"，保存为后缀为.aoi 的 AOI 文件。利用"Subset Image"功能，点击"AOI…"，选择"AOI File"，找到已经保存的 AOI 文件（图 2-3-5），勾选"Ignore Zero in Output Stats"，得到裁切的不规则遥感影像（图 2-3-6）。

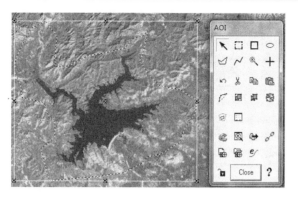

图 2-3-4　不规则 AOI 的生成

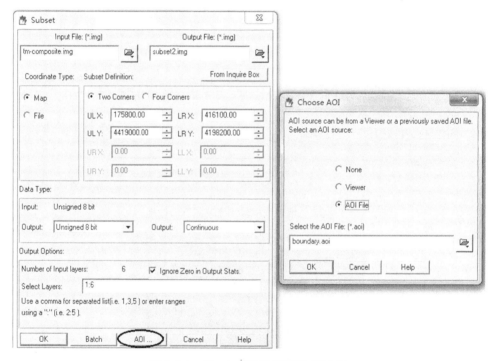

图 2-3-5　用 AOI 裁切遥感图像的过程

图 2-3-6* 用 AOI 裁切得到的不规则遥感图像

3）利用矢量数据进行的不规则裁切

如果已有遥感影像对应区域的矢量文件，打开遥感影像，叠加矢量数据，打开的矢量数据类型为 Arc Coverage 或 Shapefile（.shp），在"Vector"菜单中选择"Viewing Properties"，在窗口中选择"Polygon"（多边形）（图 2-3-7）。在"Vector"菜单中选择"Copy Selection to AOI"，把矢量多边形转化为 AOI，也可保存 AOI 文件。利用"Subset Image"功能，点击 AOI，选择 AOI 文件，勾选统计忽略 0，得到矢量数据定义范围内的遥感影像（图 2-3-8）。

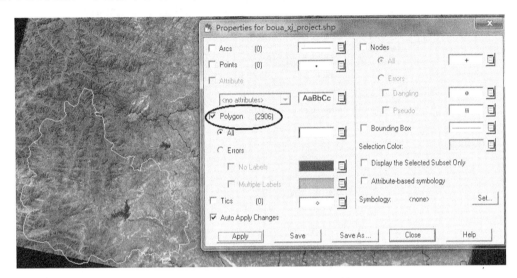

图 2-3-7　显示 Polygon 的矢量文件

图 2-3-8*　用矢量数据裁切得到的遥感影像

2. ENVI 软件中的遥感影像裁切实验

1）利用 ROI 工具进行的不规则裁切

（1）打开遥感图像。在 ENVI 软件中，打开要裁切的 Landsat-5 TM 遥感影像，右键点击"Change RGB Bands..."，选择 4、3、2 波段（彩红外合成），并选择"Linear 2%"的拉伸显示（图 2-3-9）。

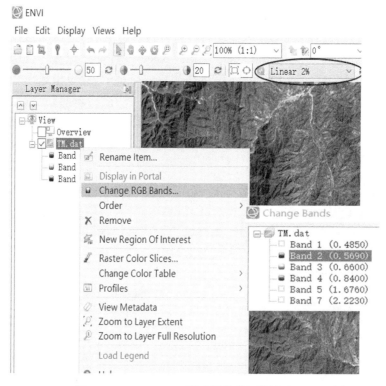

图 2-3-9 Landsat TM 遥感影像彩红外显示

（2）创建 ROI。在"Layer Manager"中选中影像文件，右键点击"New Region of Interest"，在"Region of Interest (ROI) Tool"面板设置参数，可输入 ROI 名称、更改 ROI 颜色，选择多边形按钮绘制多边形 ROI。根据需求可绘制多个 ROI、绘制新的 ROI 或删除 ROI。点击"File"→"Save As"可保存 ROI（图 2-3-10）。

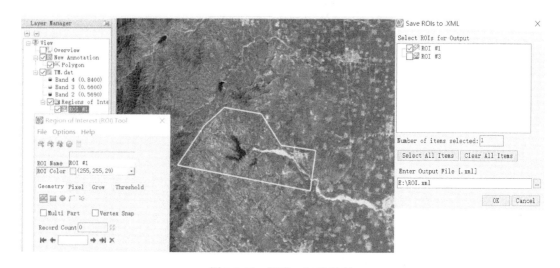

图 2-3-10 新建 ROI 及保存

（3）在 Toolbox 中打开"Regions of Interest"→"Subset Data from ROIs"。在"Select Input File to Subset via ROI"中，选择要裁切的遥感图像文件，点击"File Spectral Subset"选项，选择 4、3、2 波段。在"Spatial Subset via ROI Parameters"中，选择已保存的 ROI，在"Mask pixels output of ROI？"一项中选"Yes"，设置"Mask Background Value"（掩膜背景值）为 0（图 2-3-11），输出裁切的遥感影像（图 2-3-12）。

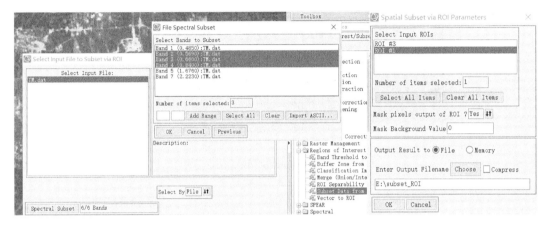

图 2-3-11　ROI 裁切参数设置

图 2-3-12*　用 ROI 裁切得到的遥感影像

2）利用矢量文件进行的裁切

打开遥感影像，叠加一个县的矢量文件。选择"Toolbox"下的"Regions of Interest"→"Subset Data from ROIs"工具，在"Select Input File to Subset via ROI"中，选择要裁切的遥感影像文件，在"Spatial Subset via ROI Parameters"中选择 ROI 为矢量文件，在"Mask pixels output of ROI？"一项中选择"Yes"，设置"Mask Background Value"（掩膜背景值）为 0（图 2-3-13）。输出结果影像如图 2-3-14 所示。

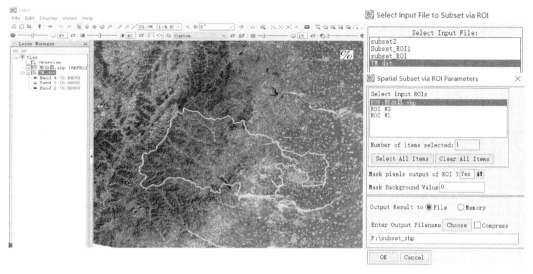

图 2-3-13　用矢量数据裁切参数设置

图 2-3-14*　用矢量裁切得到的遥感图像

3）利用 Mask 功能进行的裁切

a. 选项 On 构建 Mask 图层的裁切。

（1）打开遥感影像。在 ENVI 5.1 中，打开 Landsat-8 OLI 图像，选择 5、4、3 波段合成的彩红外图像，并选择"Linear 2%"显示。

（2）创建 ROI。在 ENVI 主界面的"Layer Manager"中，选中遥感影像，右键点击，新建一个 ROI，在遥感图像上画一个界定范围的 ROI，可更改 ROI 的颜色。

（3）构建 Mask 图层。在 ENVI 的"Toolbox"中，选择"Raster Management"→"Masking"→"Build Mask"，在"Build Mask Input File"面板中选择需要进行裁切的遥感图像文件（图 2-3-15），点击"OK"。

图 2-3-15　建立 Mask 图层

（4）输出 Mask 图层。在"Mask Definition"面板中，点击"Options"，选择"Selected Areas "On""和"Selected Attributes [Logical OR]"，之后点击"Import ROIs..."，在弹出的"Mask Definition Input ROIs"面板中，选择 ROI，点击"OK"（图 2-3-16），输出 Mask 图层到"Memory"（临时文件）或永久保存到指定输出路径下，并命名 Mask 文件。

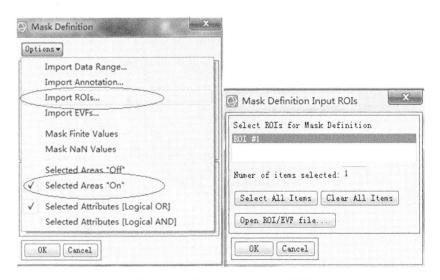

图 2-3-16　选项 On 构建 Mask 图层

（5）应用 Mask。在 ENVI 的 Toolbox 中，选择"Raster Management"→"Masking"→"Apply Mask"，在弹出的"Apply Mask Input File"面板中，选择需要裁切的遥感影像文件，并在"Select Mask Input Band"选项中选择 Mask 掩膜文件，点击"OK"（图 2-3-17）。在弹出的"Apply Mask Parameters"面板中，设置"Mask Value"为"NaN"，设置输出结果，点击"OK"。

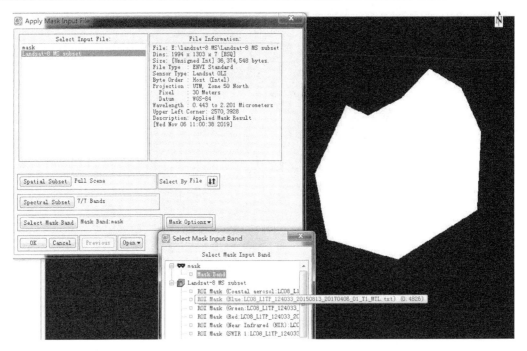

图 2-3-17 应用 Mask 图层选择文件

（6）Mask 结果。Mask 处理之后，以"Linear 2%"显示的结果影像如图 2-3-18 所示。

图 2-3-18* 选项 On 构建 Mask 图层裁切后的结果影像

b. 选项 Off 构建 Mask 图层的裁切。

（1）打开遥感图像和创建 ROI，同"a.选项 On 构建 Mask 图层的裁切"相关内容。

（2）构建 Mask 图层。在 ENVI 的"Toolbox"中，选择"Raster Management"→"Masking"→"Build Mask"，在"Build Mask Input File"面板中选择要进行裁切的遥感影像文件，在"Mask Definition"面板中，点击"Options"，选择"Selected Areas "Off""和"Selected Attributes [Logical OR]"，点击"Import ROIs"，在弹出的"Mask Definition Input ROIs"面板中，选择 ROI，点击"OK"（图 2-3-19），输出 Mask 图层到"Memory"。

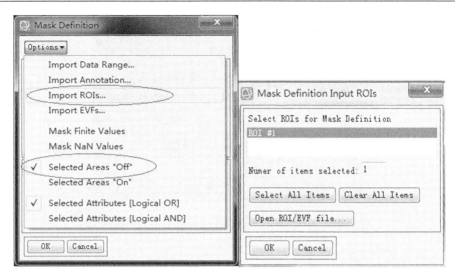

图 2-3-19　选项 Off 构建 Mask 图层

（3）应用 Mask。在 ENVI 的 Toolbox 中，选择"Raster Management"→"Masking"→"Apply Mask"，在弹出的"Apply Mask Input File"面板中，选择要裁切的图像文件，并在"Select Mask Input Band"选项中选择 Mask 掩膜文件，点击"OK"（图 2-3-20）。

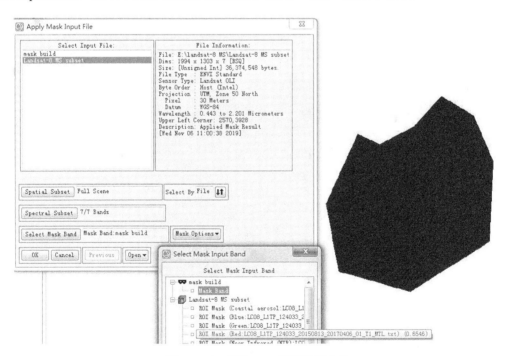

图 2-3-20　应用 Mask 图层选择文件

（4）Mask 结果。在弹出的"Apply Mask Parameters"面板中，设置"Mask Value"为"NaN"，设置输出结果，点击"OK"。结果影像如图 2-3-21 所示。

图 2-3-21* 　选项 Off 构建 Mask 图层裁切后的结果影像

4）利用阈值进行的裁切

以利用 NDVI 阈值裁切 NDVI 图像为例，过程如下。

（1）在 ENVI 5.1 中，打开 Landsat-8 OLI 遥感影像，并显示彩红外合成影像。

（2）在 ENVI 的"Toolbox"中，选择"Spectral"→"Vegetation"→"NDVI"，在"NDVI Calculation Input File"面板中选择需要计算 NDVI 值的 Landsat-8 遥感影像，点击"OK"。在弹出的"NDVI Calculation Parameters"面板中设置"Input File Type"（输入文件类型）为"Landsat OLI"。在"NDVI Bands"的"Red"（红波段）和"Near IR"（近红外波段）中分别输入构建 NDVI 所用的波段 4 和波段 5。设置"Output Data Type"（输出数据类型）为"Floating Point"（浮点型）。设置输出 NDVI 文件，点击"OK"（图 2-3-22）。

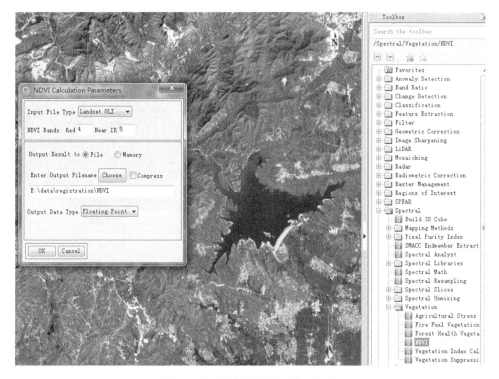

图 2-3-22 　计算遥感影像的 NDVI

（3）在 ENVI 的"Toolbox"中，选择"Statistics"→"Compute Statistics"，在"Compute Statistics Input File"面板中选择需要进行统计的 NDVI 图像，点击"OK"。在弹出的"Compute Statistics Parameters"面板中选中"Basic Stats"和"Histograms"，也可以把结果输出为统计文件或文本文件，点击"OK"（图 2-3-23）。

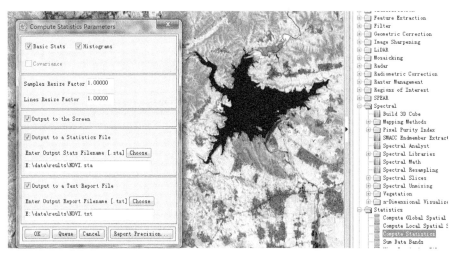

图 2-3-23　NDVI 图像的统计计算

（4）在弹出的"Statistics Results: NDVI"面板中点击"Select Plot"→"All Histograms"，查看 NDVI 的统计值，包括最小值、最大值、平均值、标准差等。右键点击直方图区域，选择"Edit"→"Plot Parameters"，可设置直方图颜色、标题及字体等（图 2-3-24）。

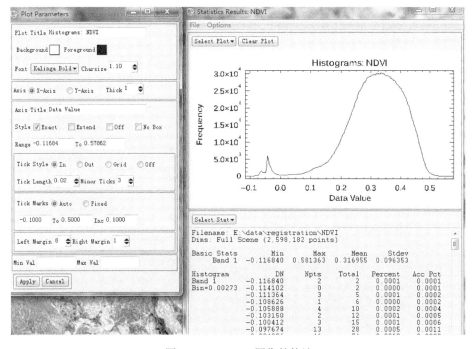

图 2-3-24　NDVI 图像的统计

（5）在ENVI的"Toolbox"中，选择"Raster Management"→"Masking"→"Build Mask"，在"Build Mask Input File"面板中选择NDVI图像，在"Mask Definition"面板中，点击"Options"→"Import Data Range"。在弹出的"Select Input for Mask Data Range"面板中选择NDVI图像，在弹出的"Input for Data Range Mask"中输入要提取的NDVI的值域，如"0.35"和"0.581363"（NDVI最大值），点击"OK"。在"Mask Definition"面板中选择NDVI Mask文件的输出路径和文件名，点击"OK"（图2-3-25）。

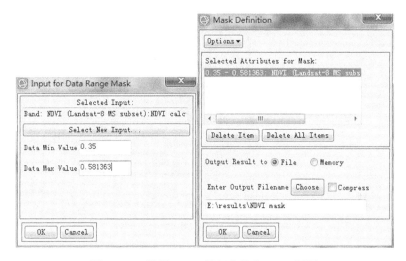

图2-3-25　设置NDVI的阈值作为Mask图层

（6）在ENVI的"Toolbox"中，选择"Raster Management"→"Masking"→"Apply Mask"，在弹出的"Apply Mask Input File"面板中，选择要裁切的NDVI图像，并在"Select Mask Band"选项中选择Mask文件。在弹出的"Apply Mask Parameters"面板中，设置"Mask Value"为"NaN"，设置输出结果，点击"OK"。

（7）打开利用NDVI阈值裁切的图像，结果图像的NDVI值均高于0.35，白色区域表示无像元值（图2-3-26）。

图2-3-26　利用阈值Mask得到的NDVI图像

实验 2-4　遥感影像的几何校正

对遥感影像进行几何校正是遥感影像处理的重要部分。作为地球资源及环境的遥感调查结果，通常需要用能够满足量测和定位要求的各类专题图来表示，而这些图件的产生，则要求对原始遥感影像的几何变形进行改正；当应用不同传感方式、不同波谱范围以及不同成像时间的各种遥感影像数据来进行计算机自动分类、地物特征的变化监测或其他应用处理时，必须保证不同影像间的几何一致性，即需要进行遥感影像间的几何配准；利用遥感影像进行地图更新，也对遥感影像的几何校正提出了更严格的要求。

实验目的：了解几何校正的方法，会在 ERDAS 和 ENVI 中利用多种方法进行遥感影像的几何校正。

实验数据：ERDAS 软件 examples 文件夹中的数据、MODIS 数据、资源三号（ZY-3）数据、GF-2 数据。

实验环境：ERDAS 软件中的 Geometric Correction；ENVI 软件中 Toolbox 的 Geometric Correction。

实验内容：

（1）ERDAS 软件中的遥感影像几何校正，并检验影像误差大小。

（2）ENVI 软件中基于自带定位信息的遥感影像几何校正。

（3）ENVI 软件中遥感影像的自动配准。

（4）ENVI 软件中遥感影像的正射校正。

1. 遥感影像几何校正的方法

遥感影像的几何校正是指从具有几何畸变的影像中消除畸变的过程，是定量地确定影像上的像元坐标（图像坐标）与地理坐标（地图坐标）的对应关系（坐标变换式），即把数据投影到平面上，使之符合投影系统的过程。

多项式纠正法是经常使用的一种方法，因为它的原理比较直观，计算较简单，特别是对地面相对平坦的情况，具有较高的精度。其基本思想是回避成像的空间几何过程，而直接对影像变形的本身进行数学模拟。此方法对各种类型传感器生成的影像进行纠正都是普遍适用的，也有不同程度的近似性，不仅用于影像对地面（或地图）系统的纠正，还常用于不同类型影像之间的相互几何配准，以满足计算机分类、地物变化监测等处理的需要。当遥感影像的几何变形是由多种因素引起的，并且其变形规律难以用严格的数学表达式来描述时，通常选择一个适当的多项式来近似地描述纠正前后相应点的坐标关系，并利用控制点的图像坐标和参考坐标系中的理论坐标，按最小二乘原理求解出多项式中的系数，然后用此多项式对遥感图像进行几何校正。

理论上讲，任何曲面都能以适当高次的多项式来拟合。在进行校正时，把遥感图像变形看成某种曲面，地图格网是规则的平面。利用地面控制点（ground control point, GCP），计算相应坐标，构成一个多项式，即以地图坐标为自变量，建立原始图像坐标和地图坐标之间的函数关系式。

$$\begin{cases} U = a_0 + a_1 x + a_2 y + a_3 x^2 + a_4 xy + a_5 y^2 + a_6 x^3 + a_7 x^2 y + a_8 xy^2 + a_9 y^3 + \cdots \\ V = b_0 + b_1 x + b_2 y + b_3 x^2 + b_4 xy + b_5 y^2 + b_6 x^3 + b_7 x^2 y + b_8 xy^2 + b_9 y^3 + \cdots \end{cases}$$

其中，(U, V) 为像元的原始图像坐标；(x, y) 为同名像元的地图坐标。

多项式的项数（即系数个数）N 与其阶数（次数）n 的关系为

$$N = \frac{1}{2}(n+1)(n+2)$$

多项式方程用于从一个坐标系转化为另一个坐标系，转换矩阵是用于多项式方程中的一套转换系数。多项式的系数可利用已知控制点的坐标值按最小二乘法原理求解。按函数关系式确定所需的控制点数，控制点的地面坐标和图像坐标必须预先测得，然后将控制点地面坐标和图像坐标代入函数关系式求解方程中的系数。

在遥感数字图像的几何校正中，计算出多项式系数后，常常要在数字图像的各像元阵列中计算一个不在阵列位置上的新像元的灰度值，这个过程称为重采样。重采样的像元灰度值是根据它周围原像元的灰度按一定的权函数内插得到的。重采样方法有三种：最近邻点法、双线性内插法、立体卷积法。

（1）最近邻点法。将变形空间中离共轭点最近像元点的灰度值作为共轭点的灰度值。此方法的优点是不破坏原来的像元值，节省处理时间；缺点是最大可产生 1/2 像元的位置误差，内插精度较低。

（2）双线性内插法。使用共轭点周围 4 个点的像元值，对所求的像元值进行线性内插。双线性内插法的优点是内插精度和运算量都比较适中；缺点是破坏了原来的数据，具有平均化的滤波效果，有低通滤波的性质，产生模糊、平滑作用。

（3）立体卷积法。使用共轭点周围 16 个点的像元值，用三次卷积函数进行内插。其优点是内插精度较高，图像具有均衡化和清晰化的效果，质量较高；缺点是运算量很大，破坏了原来的数据。

2. ERDAS 软件中的遥感影像几何校正实验

1）GCP 的选取

选择 GCP 是几何校正的第一步，也是最重要的一步。GCP 选取原则：GCP 均匀分布于图像内；在影像上有明显的、精确定位的识别标志，如河流、道路的交叉口、拐点、特征地物点、农田界限等，以保证空间配准的精度；要有一定的数量保证，点数太少不足以作为平差的依据；地形复杂区域 GCP 应多选一些。校正后图像的最终精度取决于这些 GCP 的精度、分布和数量，而 GCP 的精度与图像的质量和 GCP 位置的清晰度密切相关。

根据多项式的次数，可计算要选择的 GCP 最小数目。GCP 最小数目 N 为

$$N = \frac{(t+1) \cdot (t+2)}{2}$$

其中，t 为多项式的次数。

同时打开要校正的影像 Tmatlanta.img 和参考影像 Panatlanta.img，在要校正的影像 Tmatlanta.img 的视窗中，选择"Raster"→"Geometric Correction"，当出现"Set Geometric Model"对话窗口时，选择"Polynomial"（多项式）（图 2-4-1），单击"OK"，弹出两个窗口"Geo Correction

Tools"和"Polynomial Model Properties（No File）"（图 2-4-2）；在"Polynomial Model Properties（No File）"→"Parameters"窗口的"Polynomial Order"（多项式次数）框中输入"2"，点击"Apply"和"Close"；从弹出的"GCP Tool Reference Setup"窗口中选择"Existing Viewer"，收集 GCP；点击参考影像所在的窗口，显示参考影像的投影信息，同时"GCP Tool"窗口自动打开。在要校正的影像和参考影像中分别对应收集至少 6 个 GCP（图 2-4-3）。

图 2-4-1 几何校正模型

图 2-4-2 几何校正工具

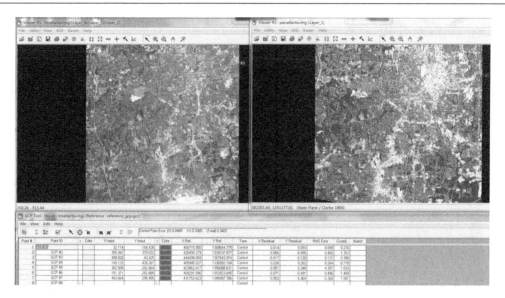

图 2-4-3　GCP 采集工具

要校正的影像称为输入影像，其 GCP 为输入 GCP（Input GCP），有投影的影像称为参考影像，其 GCP 为参考 GCP（Reference GCP），这些 GCP 坐标在"GCP Tool"窗口中自动列出。当在一个图像上选择第 7 个 GCP 时，另一个图像上的 GCP 会自动匹配，可以手动调节自动匹配的 GCP，使其位置更精确。在 GCP 数据表中，残差（Residuals）、中误差（RMS Error）、贡献率（Contribution）及匹配程度（Match）等参数是在编辑 GCP 的过程中自动计算更新的，用户不可以任意改变，但可以通过精确的 GCP 位置来调整。每个影像文件都有一个 GCP 数据集与之相关联，GCP 数据集保存在一个栅格数据文件中。如果影像文件有一个 GCP 数据集存在，打开 GCP 工具，GCP 点就会出现在视窗中。所有的输入 GCP 和参考 GCP 都可以直接保存在影像文件中（通过 Save Input 和 Save Reference 功能），也可以保存为 GCP 文件（通过 Save Input As 和 Save Reference As 功能）。如果保存了 GCP 文件（.gcc），可以通过加载（Load）调用 GCP。

几何校正中采集 GCP 点的模式有以下几种：①如果已经有需要校正图像区域的数字地图、经过校正的图像或注记图层，就可应用视窗采点模式，直接以这些数据作为地理参考，在另一个视窗中打开相应的数据层，从中采集 GCP。②如果事先已经通过 GPS 测量、摄影测量或其他途径获得了 GCP 的坐标，并保存为控制点文件或 ASCII 数据，就可用文件采点模式，直接在数据文件中读取 GCP 坐标。③如果只有印刷地图或坐标值作为参考，可采用地图采点模式，先在地图上选点并量算坐标，然后用键盘输入坐标数据，或者在地图上选点后，用数字化仪采集 GCP 坐标。

2）坐标变换

确定最佳的数学变换，建立 GCP 的地图空间和图像空间之间的坐标换算函数式，从而把各 GCP 从地理空间投影到图像空间上去。采用多项式内插法，利用 GCP，以地图坐标为自变量，计算相应坐标，构成一个多项式方程。转换矩阵用于多项式方程中的转换系数，可以从几何校正工具中的模型属性查看。收集全部 GCP 后，计算 GCP 误差、x 和 y 的标准差及残差。

3）计算误差

使总误差在亚像元（一个像元）之内，此实验的校正误差应在 30m 之内。

4）重采样影像

重采样能保证校正空间中网格像元点均匀输出。对图像数据进行亮度值的插值计算，建立起新的图像矩阵，重新定位后的像元在图像中分布不均匀，需要建立图像的新格网，对每个像元按照一定的规则重新赋值，构成新的图像。通过校正空间点反求原始空间共轭点。收集完全部 GCP 后，点击"Geo Correction Tools"中的"重采样"按钮，设置输出像元大小为 30m，选择双线性内插法，输出结果影像（图 2-4-4）。

图 2-4-4*　几何校正后的遥感影像

5）检验校正误差

检验经校正的影像的误差大小，即检查是否在亚像元之内，对于 Landsat TM 影像即检查是否小于 30m。检验方法有两个。

（1）分别在两个视窗中打开原始参考影像和经校正的影像，在其中一个视窗中点击右键，选择"Geo Link"→"Unlink"，在另一个视窗中点击，两个影像就建立了地理链接。在其中一个视窗中点击右键，选择"Inquire Cursor"，链接的两个影像都出现了十字光标，同时出现显示 x、y 坐标的小窗口，在两个影像的十字光标处同时放大足够的倍数，可交换查询两个影像的 x、y 的差值。依此方法可查询多个对应点，看对应的 x、y 的差值是否小于一个像元。

（2）将参考遥感影像与校正后的影像进行叠加，看同一地物（如河流）在两个遥感影像上是否有错位，以此判断几何校正的误差大小。

3. ENVI 软件中的遥感影像几何校正实验

1）基于自带定位信息的几何校正

不同的遥感数据需要使用不同的几何校正方法。利用卫星传感器自带的经度和纬度地理定位文件进行几何校正，适用于空间分辨率较低的卫星影像，如 Terra/Aqua 卫星的 MODIS、NOAA 卫星的 AVHRR 等，因为在这些卫星影像上，选择地面控制点比较困难。卫星自带的地理定位文件是影响遥感影像几何校正精度的主要因素。

利用自带几何定位文件进行 MODIS 数据的几何校正，具体操作如下。

（1）打开 MODIS 数据。MODIS 是美国 Terra 和 Aqua 卫星上的传感器，其数据格式为层次数据格式（hierarchical data format，HDF），是一种具有自我描述性、可扩展性和自我组织性的存储格式。ENVI 支持读取 MODIS Level 1B 数据及其数据产品，自动提取相关数据集，如波段的反射率、发射率、辐射亮度、地理纬度、精度、数据质量等信息。

在 ENVI 中，点击"File"→"Open As"→"EOS"→"MODIS"，选择 HDF 格式文件，点击"Data Manager"窗口，选择其中的反射率数据，图像显示在窗口中（图 2-4-5）。点击"File Information"，图像的信息显示出来，包括数据存储格式、数据类型、传感器、投影信息等。

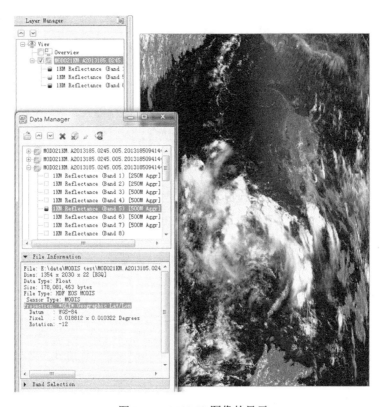

图 2-4-5　MODIS 图像的显示

（2）选择校正模型。在 ENVI 的"Toolbox"中，选择"Geometric Correction"→"Georeference by Sensor"→"Georeference MODIS"，在"Input MODIS File"面板中选择反射率数据，在右侧列表中可以查看数据信息（图 2-4-6）。单击"OK"，进入"Georeference MODIS Parameters"面板。

（3）设置输出参数。在 Georeference MODIS Parameters 面板中（图 2-4-7），设置输出投影类型，如 UTM。在"Number Warp Points"中，分别输入 X、Y 方向校正点的数量。X 方向的校正点数量应小于等于 51 个，Y 方向的校正点数量应该小于等于行数。校正点可以输出为 GCP 文件（.pts），可在"Enter Output GCP Filename"中设置输出文件。"Perform Bow Tie Correction"选项默认选择"Yes"，以消除 MODIS 的蝴蝶效应。单击"OK"，进入"Registration Parameters"（校正参数）面板。系统自动计算出左上角点的经纬度坐标、像元大小、图像的行数和列数，可根据需求更改，将"Background"值设为 0，在"Enter Output Filename"中设置输出文件。

图 2-4-6　对 MODIS 数据的几何校正

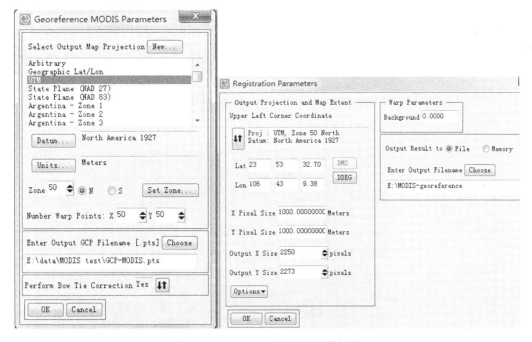

图 2-4-7　MODIS 几何校正参数设置

（4）结果显示。校正后的 MODIS 影像如图 2-4-8 所示。

图 2-4-8*　MODIS 影像几何校正结果

2）遥感影像的自动配准

如果同一地区不同传感器或不同类型的两个图像上的相同地物不能完全重叠，可以利用重叠区的 Tie（同名）点和相应的计算模型进行精确配准。

图像配准（image registration）就是将不同传感器或不同时间获取的两个图像进行匹配、叠加的过程。"Image Registration Workflow" 能在较少人工干预的情况下，对几何位置有偏差的两个影像实现快速准确的影像间的自动配准。

以不同空间分辨率的资源三号（ZY-3）卫星多光谱影像和全色影像的自动配准为例，具体操作如下。

（1）叠加遥感影像启动自动配准工具。叠加显示 5.8m 空间分辨率的多光谱影像和 2.1m 的全色波段影像，利用 "Transparency" 的滑动条，设置上层图像为 50%透明，出现严重的重影（图 2-4-9），会影响影像叠加及影像融合效果。

图 2-4-9　两个遥感影像叠加出现重影

（2）在"Toolbox"中，选择"Geometric Correction"→"Registration"→"Image Registration Workflow"，启动自动配准流程化工具，"Base Image File"（基准影像）选择全色影像，"Warp Image File"（待配准影像）选择多光谱影像（图 2-4-10），点击"Next"。

图 2-4-10　选择基准影像与待配准影像

（3）自动生成 Tie 点。选择默认参数设置，可满足大部分图像配准的要求。各选项卡中的参数说明如下。

Main 选项卡如图 2-4-11 所示。自动生成 Tie 点的方法是"Matching Method"（匹配算法）。"Cross Correlation"一般用于相同类型的图像，如都是光学图像；"Mutual Information"一般用于不同类型的图像，如光学图像与雷达图像、热红外图像与可见光图像等。Tie 点自动过滤方法为"Minimum Matching Score"（Tie 点最小匹配度阈值）。自动找点功能会给找到的点计算分值，分值越高精度越高。如果找到的 Tie 点低于这个阈值，则会自动删除不参与校正。阈值范围为 0～1。"Geometric Model"（几何模型）：提供两种过滤 Tie 点的几何模型，不同模型适用不同类型的图像，需要设置不同的参数。

"Fitting Global Transform"适合绝大部分图像。还需设置以下两个参数：①Transform（变换模型）：First-Order Polynomial（一次多项式）和 RST（仿射变换）。②Maximum Allowable Error Per Tie Point（每个连接点最大允许误差）：这个值越大，保留的匹配点越多，但精度越差。

"Frame Central Projection"适合框幅式中心投影的航空影像数据。

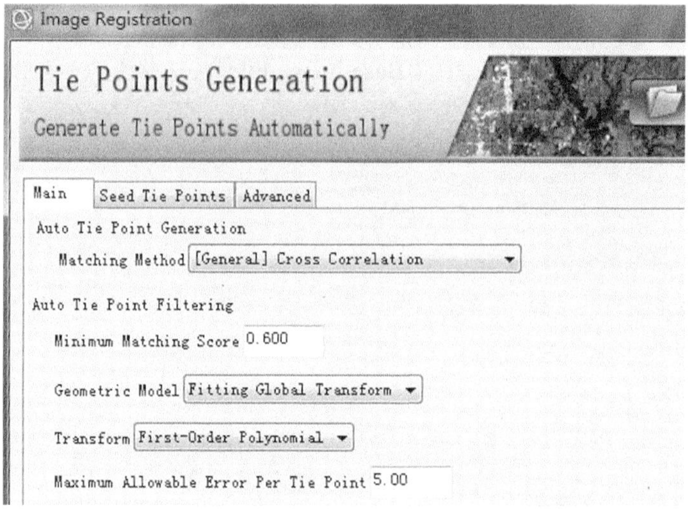

图 2-4-11　自动配准的 Main 选项卡

　　Seed Tie Points 选项卡如图 2-4-12 所示。此选项卡可以实现对 Tie 点的读入、添加或删除。需要手动选择 Seed Tie 的情况：①如果待配准影像没有坐标信息，需要手动选择至少 3 个 Tie 点。②如果基准影像或者待校正影像质量非常差，如地物变化很明显等，可以手动选择几个 Tie 点，提高自动匹配的精度。"Switch To Warp/Switch to Base"：基准影像与待配准影像的视图切换。"Show Table"：Tie 点列表。点击"打开"按钮：选择已有的 Tie 点文件。"Start Editing"：添加和编辑 Tie 点。"Seed Tie Points"：Tie 点的个数。

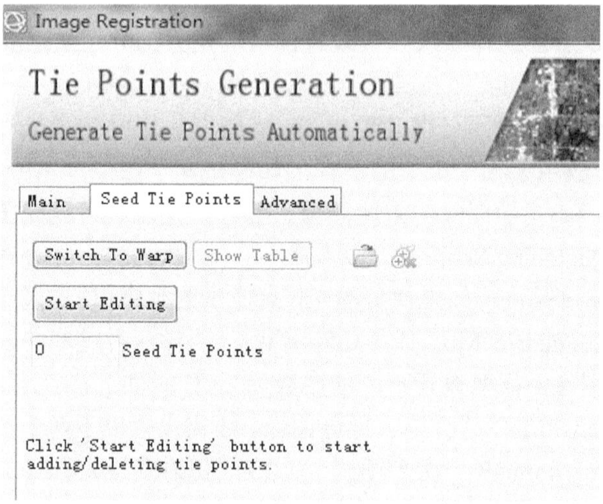

图 2-4-12　自动配准的 Seed Tie Points 选项卡

　　Advanced 选项卡如图 2-4-13 所示。"Matching Band in Base Image"：在基准影像上的匹配波段。"Matching Band in Warp Image"：在待配准影像上的匹配波段。"Requested Number of Tie Points"：需要的 Tie 点个数，不能少于 9。"Search Window Size"（搜索窗口大小），需要大于匹配窗口大小，搜索窗口越大，找到的点越精确，但是需要的时间越长。简单预测搜索窗口大小的方法：让待配准图像 50%透明显示，量测两个 Tie 点之间的像素距离 D，搜索窗口最小为（D+5）×2。"Matching Window Size"（匹配窗口大小）：会根据输入图像的分辨率自动调整一个默认值。"Interest Operator"：角点算子，"Forstner"方法精度最高，速度最慢。

图 2-4-13　自动配准的 Advanced 选项卡

（4）检查 Tie 点和待配准影像。可通过 "Review and Warp" 面板对自动生成的 Tie 点进行编辑。

Tie Points 选项卡如图 2-4-14 所示。点击 "Switch To Warp"，再次点击，出现 "Switch to Base"，实现基准影像与待配准影像的视图切换。"Show Table"：Tie 点列表，可对 Tie 点进行编辑，最右列为误差值，右键点击 "Sort by selected column reverse"，按照误差大小进行排序，可以直接删除误差较大的点。"Start Editing"：添加和编辑 Tie 点。"Tie Points"：Tie 点的个数。

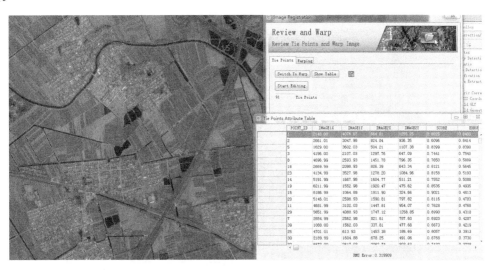

图 2-4-14　Tie Points 选项卡及属性表

Warping 选项卡如图 2-4-15 所示。"Warping Method"（纠正模型）：RST（仿射变换）、Polynomial（多项式）、Triangulation（局部三角网），默认为 Polynomial。"Resampling"（重采样方法）：Nearest Neighbour（最近邻点法）、Bilinear（双线性内插法）或 Cubic Convolution（三次卷积法），可选择 Cubic Convolution。"Background Value"（背景值）：设置为 0。"Output Pixel Size From"：输出像元大小来自哪个影像，Base Image（基准影像）或待配准影像（Warp Image）。选中"Preview"可进行图像配准效果预览。

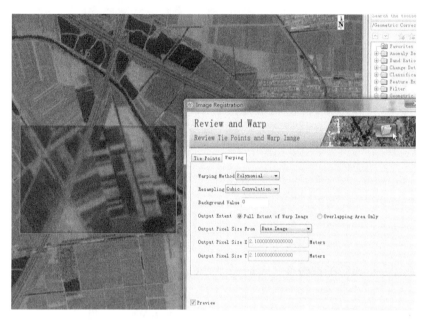

图 2-4-15　Warping 选项卡

（5）输出影像配准结果。配准文件可以保存为 ENVI 标准格式或 Tiff 格式，分别设置输出配准文件和 Tie 点文件的路径及文件名，点击"Finish"完成配准。配准结果如图 2-4-16 所示。

图 2-4-16*　图像配准结果

3）遥感影像的正射校正

遥感影像的正射校正是利用 RPC（rational polynomial coefficient）文件和数字高程模型（digital elevation model, DEM）对遥感影像进行定位和几何校正，校正精度取决于 RPC 文件的定位精度和 DEM 的空间分辨率。用于几何校正的 RPC 模型是有理函数纠正模型，可以将地面点大地坐标与其对应的像点坐标用比值多项式关联起来。用 ENVI 软件打开无法支持对应影像 RPC 文件的数据（如 GF-2）时，会显示无参考坐标系统，软件需要自动链接 RPC 文件才能显示影像的坐标信息。进行 RPC 校正后的遥感影像就有了坐标信息，之后遥感影像需要根据精度要求考虑是否需要进行 GCP 校正以及是否需要生产数字正射影像（digital orthophoto map, DOM）产品。GF-2 卫星影像正射校正的具体操作过程如下。

（1）打开遥感影像数据输入 DEM。打开需要校正的 GF-2 数据，点击"Data Manager"的"File Information"，可看到 ENVI 自动识别 GF-2 数据的 RPC 信息；右键点击，选择"View Metadata"，也可看到有关 RPC 的信息（图 2-4-17）。在"Toolbox"中打开"Geometric Correction"→"Orthorectification"→"RPC Orthorectification Workflow"，进行正射校正。在"RPC Orthorectification"面板中，"Input File"选择 GF-2 多光谱文件，"DEM File"默认选择 ENVI 自带的全球 900m 空间分辨率 DEM（GMTED2010.jp2）（图 2-4-18），也可用更高精度的 DEM。点击"Next"。

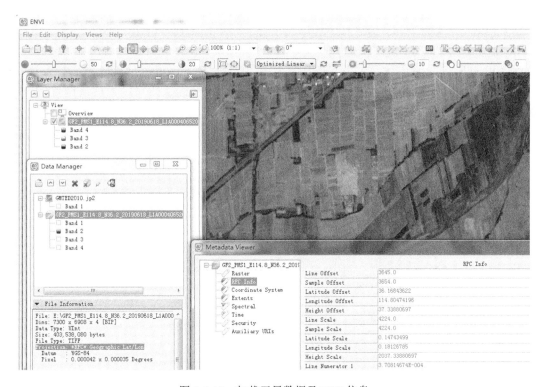

图 2-4-17　加载卫星数据及 RPC 信息

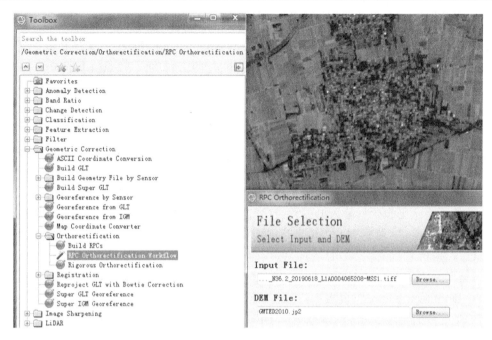

图 2-4-18　正射校正文件的选择

（2）选择 GCP 并设置参数。① GCPs 选项卡：可以分别输入 GCP，此次不进行 GCP 的输入。② Advanced 选项卡（图 2-4-19）："Geoid Correction"（大地水准面校正）默认勾选；"Output Pixel Size"（输出像元大小）修改为 4 m；"Image Resampling"（影像重采样方法）选择 Cubic Convolution（三次卷积法）；"Grid Spacing"（网格采样间隔）默认设置为 10。③ Statistics 选项卡：均选择默认参数。④ Export 选项卡："Output File"（输出文件格式）选择 ENVI 或 TIFF；"Output Filename"（输出文件名）设置输出文件；"Export Orthorectification Report"（输出正射校正报告）选择默认。

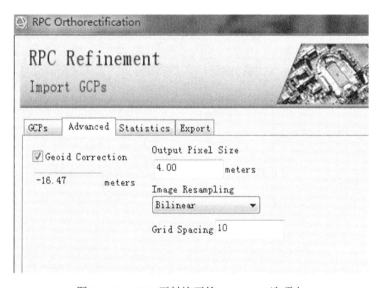

图 2-4-19　RPC 正射校正的 Advanced 选项卡

（3）正射校正结果。控制点参数设置完成后，点击面板左下角的"Preview"可以预览校正结果。正射校正结果如图 2-4-20 所示。

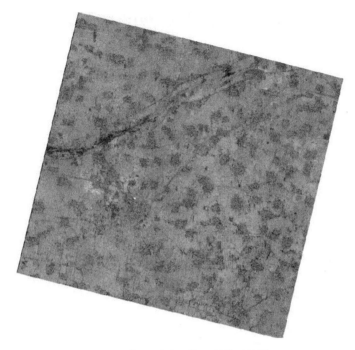

图 2-4-20* 　遥感影像正射校正结果

实验 2-5　遥感影像的辐射校正

由于各种因素的影响，利用传感器观测地物的反射或辐射量时，传感器得到的测量值与地物的反射率或辐射亮度等物理量是不一致的,因为测量值包含了成像时的太阳位置和角度、薄雾等大气条件所引起的失真。为了正确评价地物的反射或辐射特性，必须清除这些失真。消除遥感影像数据中依附在辐射亮度中的各种失真的过程称为辐射校正。

辐射校正的目的在于消除或减少因传感器自身条件、薄雾等大气条件、太阳光照条件及其他噪声而引起的传感器测量值与地物的反射率或辐射亮度等物理量之间的差异，尽可能恢复影像的本来面目，更利于遥感图像的识别、分类和解译。遥感影像通常采用无量纲的 DN 值（digital number）记录每个像元的信息。利用辐射校正可以将 DN 值转化为辐射亮度、反射率或温度值等物理量，以利于进行定量遥感分析。

传感器的输出值除了与地物本身的反射和发射波谱特性有关外，还与传感器的光谱响应特性、大气条件、光照情况等因素有关。根据辐射传输方程，传感器的输出值公式为

$$E_\lambda = K_\lambda \cdot \{[\rho_\lambda \cdot E_0(\lambda)\mathrm{e}^{-T(Z_1-Z_2)\sec\theta} + \varepsilon_\lambda \cdot W_e(\lambda)]\mathrm{e}^{-T(0,\ H)} + b_\lambda\}$$

其中，E_λ 为传感器的输出值；$T(Z_1 - Z_2)$ 为 Z_1 到 Z_2 高度大气层的光学厚度；θ 为太阳天顶角；E_0 为太阳辐照度；ρ_λ 为地物的反射率；ε_λ 为地物的发射率；H 为探测平台高度；$W_e(\lambda)$ 为与地物同温度的黑体的发射通量密度；K_λ 为传感器的光谱响应系数；b_λ 为大气辐射所形成的天空辐照度。

实验目的：理解辐射校正的原因，会根据需求选择不同的遥感影像辐射校正和大气校正方法。

实验数据：石家庄地区 Landsat-8 数据和 Landsat-5 TM 数据，其他地区 Landsat-7 ETM+数据。

实验环境：ENVI Toolbox 中的 Radiometric Calibration 和 Atmospheric Correction。

实验内容：

（1）DN 值转化为辐射亮度的遥感影像辐射定标。

（2）遥感影像的大气校正。

（3）DN 值转化为反射率的遥感影像辐射定标。

（4）DN 值先转化为辐射亮度再转化为反射率的辐射校正。

1. DN 值转化为辐射亮度的遥感影像辐射定标

（1）加载遥感数据。选择全波段文件，加载 Landsat-8 遥感数据。点击"Data Manager"，所有数据包括多光谱数据、全色波段、热红外数据等显示在窗口中（图 2-5-1）。加载多光谱图像，右键点击"Change RGB Bands"，选择近红外、绿光、红光波段的彩红外影像，选择"Linear 2%"的拉伸。

（2）进行辐射定标。在 ENVI 的"Toolbox"中,点击"Radiometric Correction"→"Radiometric Calibration"，选择其中的 MultiSpectral（多光谱）数据进行辐射定标。在"Radiometric

Calibration "面板中，"Calibration Type"（定标类型）选择"Radiance"（辐射亮度）； "Output Interleave"（输出储存格式）选择"BIL"；"Output Data Type"（输出数据类型）选择"Float"；然后点击"Apply FLAASH Settings"按钮，自动获得辐射亮度单位比例因子（Scale Factor）：0.1（图 2-5-2）。

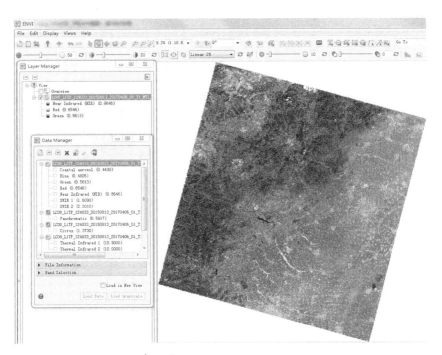

图 2-5-1* 加载 Landsat-8 遥感数据

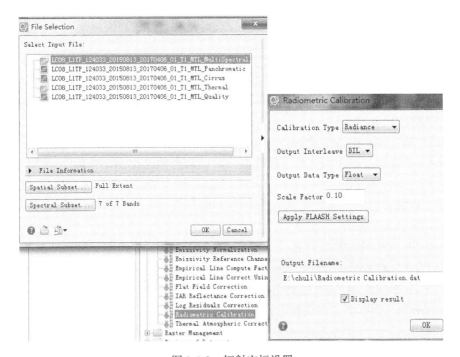

图 2-5-2　辐射定标设置

（3）加载辐射定标的结果图像，选择"Display"→"Profiles"→"Spectral"，查看图像上像元点的辐射定标结果的波谱曲线，发现定标后纵轴上的数值为 $0\sim10\mu W/(cm^2 \cdot nm \cdot sr)$（图 2-5-3）。

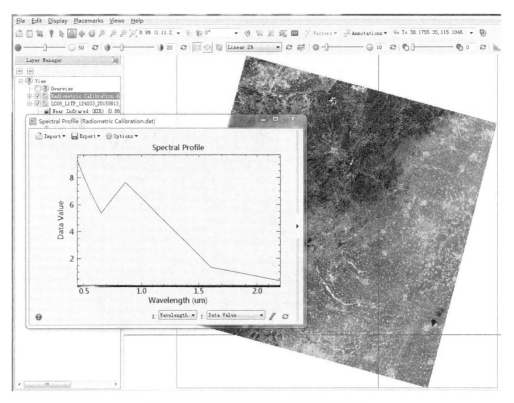

图 2-5-3　辐射定标后的辐射亮度波谱曲线

2. 遥感影像的大气校正

大气校正主要有两个工具：FLAASH 大气校正和 QUAC 快速大气校正。后者自动从遥感影像上收集不同地物的波谱信息，获取经验值对多光谱或高光谱影像进行大气校正，结果精度近似 FLAASH。

FLAASH（fast line-of-sight atmospheric analysis of spectral hypercubes）大气校正模块嵌入了 MODTRAN 5 辐射传输模型代码，精度高，可以为影像选择 MODTRAN 模型中标准大气和气溶胶类型进行大气校正。FLAASH 可对高光谱和多光谱遥感数据进行校正，也可用于邻近像元校正、计算影像的平均能见度和用先进技术处理一些大气条件（如云、卷云和不透光云分类图）以及波谱平滑等。

1）FLAASH 模型输入参数设置

在 ENVI 的"Toolbox"中，选择"Atmospheric Correction Module"→"FLAASH Atmospheric Correction"，打开 FLAASH 大气校正工具。在弹出的"FLAASH Atmospheric Correction Model Input Parameters"对话框中，设置输入参数（图 2-5-4）。

（1）"Input Radiance Image"（输入辐射亮度文件）：选择辐射亮度文件，在弹出的"Radiance Scale Factors"对话框中选择"Use single scale factor for all bands"，设置"Single scale factor"

为 1.000000，将辐射亮度转化成单位为 $\mu W/(cm^2 \cdot nm \cdot sr)$ 的浮点型辐射亮度（图 2-5-5）。

（2）点击"Output Reflectance File"，输出反射率文件。点击"Output Directory for FLAASH File"，设置大气校正的水汽反演结果、云分类结果等的输出路径。"Rootname for FLAASH Files"用于设置大气校正其他输出结果的根文件名。

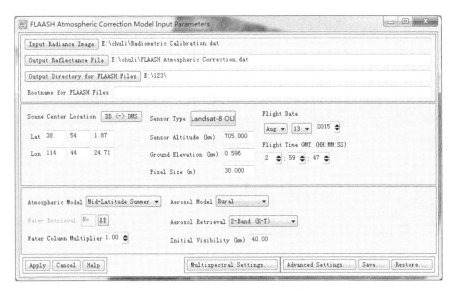

图 2-5-4　FLAASH 大气校正模型输入参数设置页面

图 2-5-5　输入文件和辐射亮度比例因子选项

（3）传感器信息。"Scene Center Location"（影像中心点的经纬度）：格式为DD（度）或DMS（度分秒），FLAASH自动获取，西半球的经度和南半球的纬度为负值。"Sensor Type"（传感器类型）：自动选择Landsat-8 OLI，有时需要人为设置，则选择"Unknown"，需要输入传感器的光谱响应函数。"Sensor Altitude"（传感器高度）：自动或人为添加卫星飞行高度。"Ground Elevation"（地面高程）：输入图像区域的平均海拔高度，或通过已知DEM获取。"Flight Date"（成像日期）和"Flight Time GMT"（成像时间）：输入卫星成像的格林尼治日期和时间。也可在图层管理器文件处右键单击选择"View Metadata"（图2-5-6），点击"Time"，可看到成像日期和时间。

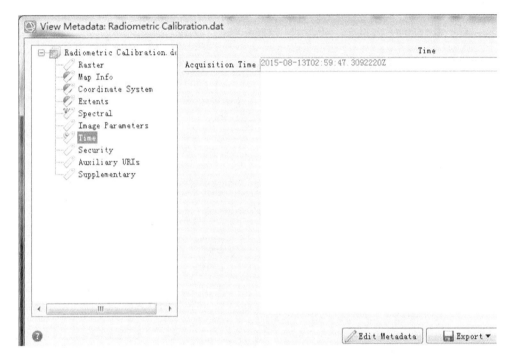

图 2-5-6　元数据查询面板

（4）"Atmospheric Model"（大气模型）。选择六种中的一种水汽对应的大气模型（表2-5-1）。若无水汽信息，则根据已知地表温度选择大气模型，也可根据季节-纬度地表温度模型选择大气模型（表2-5-2）。本实验选择"Mid-Latitude Summer"。

表 2-5-1　MODTRAN 模型中大气的水汽含量和地表温度

大气模型	水汽（标准大气）/cm	水汽/（g/cm^2）	地表温度
Sub-Arctic Winter (SAW)	518	0.42	–16 ℃ 或 3℉
Mid-Latitude Winter (MLW)	1060	0.85	–1℃ 或 30℉
U.S. Standard (US)	1762	1.42	15℃ 或 59℉
Sub-Arctic Summer (SAS)	2589	2.08	14℃ 或 57℉
Mid-Latitude Summer (MLS)	3636	2.92	21℃ 或 70℉
Tropical (T)	5119	4.11	27℃ 或 80℉

表 2-5-2　基于季节-纬度的 MODTRAN 大气模型

纬度/°N	1月	3月	5月	7月	9月	11月
80	SAW	SAW	SAW	MLW	MLW	SAW
70	SAW	SAW	MLW	MLW	MLW	SAW
60	MLW	MLW	MLW	SAS	SAS	MLW
50	MLW	MLW	SAS	SAS	SAS	SAS
40	SAS	SAS	SAS	MLS	MLS	SAS
30	MLS	MLS	MLS	T	T	MLS
20	T	T	T	T	T	T
10	T	T	T	T	T	T
0	T	T	T	T	T	T
−10	T	T	T	T	T	T
−20	T	T	T	MLS	MLS	T
−30	MLS	MLS	MLS	MLS	MLS	MLS
−40	SAS	SAS	SAS	SAS	SAS	SAS
−50	SAS	SAS	SAS	MLW	MLW	SAS
−60	MLW	MLW	MLW	MLW	MLW	MLW
−70	MLW	MLW	MLW	MLW	MLW	MLW
−80	MLW	MLW	MLW	SAW	MLW	MLW

（5）"Aerosol Model"（气溶胶模型）。5 种模型可供选择，本实验选择"Rural"（乡村地区）。"Water Retrieval"（水汽反演）：① Yes，进行水汽反演，从"Water Absorption Feature"下拉框中选择水汽吸收光谱特征：1135nm（1050～1210nm，典型）、940nm（870～1020nm）和 820nm（770～870nm）。② No，不进行水汽反演，在"Water Column Multiplier"选项输入一个固定水汽含量乘积系数，默认为 1。一般来说，多光谱数据不做水汽反演，高光谱图像做水汽反演。

（6）"Aerosol Retrieval"（气溶胶反演）。FLAASH 利用暗像元反射率比值方法提取气溶胶含量和估算整景影像平均能见度，此方法要求传感器具有 660nm 和 2100nm 左右的通道。暗像元定义为 $\rho_{2100} \leqslant 0.1$ 且 $\rho_{660}/\rho_{2100} \approx 0.45$ 的像元。如果输入影像含有 800nm 和 420nm 左右的波段，还需检查 $L_{800}/L_{420} \leqslant 1$（$L$ 为辐射亮度），以消除可能为阴影或水体的像元。本实验选择"2-band（K-T）"，如果没有找到合适的如阴影区或水体的黑色物体，系统将采用初始能见度值来计算。"Intial Visibility"（初始能见度）输入 40（单位为 km，根据天气条件估算能见度），其他设置默认。

2）多光谱设置

点击"Multispectral Settings"，出现多光谱设置面板（图 2-5-7）。

（1）"Select Channel Definitions by"，选择 GUI（图形方式）。

（2）点击"Kaufman-Tanre Aerosol Retrieval"，选择"Defaults"，默认设置，在下拉框中选择"Over-Land Retrieval Standard (660:2100)"，"KT Upper Channel"：上行通道；"KT Lower Channel"：下行通道。"Maximum Upper Channel Reflectance"（上行通道最大反射率值）：0.08。"Reflectance Ratio"（反射率比）：0.50。

（3）"Filter Function File"（滤波函数），根据 ENVI 软件安装路径，找到传感器的波谱响应函数文件（.sli）。

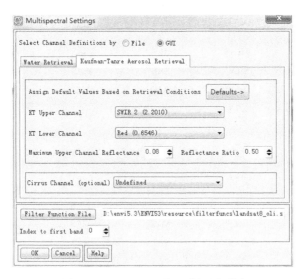

图 2-5-7　FLAASH 多光谱设置面板

3）高级设置

点击"FLAASH Advanced Settings"（高级设置），出现如图 2-5-8 所示的面板。"Tile Size（Mb）"设置为 100（根据个人存储容量选择文件大小），其余参数根据实际设置。

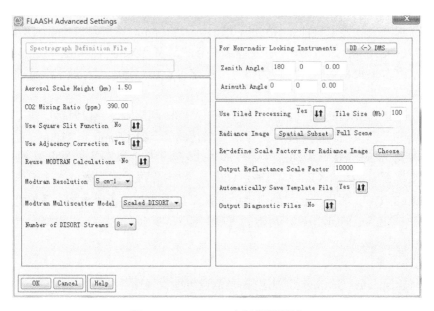

图 2-5-8　FLAASH 高级设置面板

4）输出大气校正结果

点击"Apply"，运行 FLAASH。查看图像上特定像元处的波谱反射曲线，经过 FLAASH 校正的遥感影像上，植被的波谱曲线趋于正常（图 2-5-9），基本去除了空气中水汽颗粒等因子的影响。数据一般是乘以 10000 后的值。

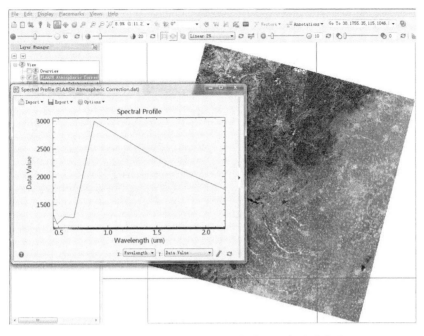

图 2-5-9　FLAASH 大气校正后的像元反射波谱曲线

3. DN 值转化为反射率的遥感影像辐射定标

（1）打开 Landsat-5 遥感图像。ENVI 中，点击 "File" → "Open External File" → "Landsat" → "GeoTIFF with Metadata"，打开 Landsat-5 文件 "*_MTL.txt"，选择彩红外影像显示（图 2-5-10）。

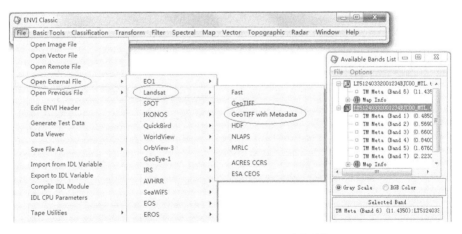

图 2-5-10　打开 Landsat-5 TM 遥感影像

（2）辐射校正工具及文件的选择。在 "Basic Tools" 菜单下，选择 "Preprocessing" → "Calibration Utilities" → "Landsat Calibration"。在 "Landsat Calibration Input File" 面板中选择要进行辐射校正的文件，右侧会出现遥感影像文件的信息，如传感器类型、像元大小、投

影信息、成像时间、波长范围、太阳高度角等（图 2-5-11）。

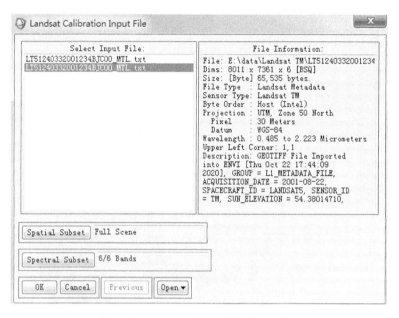

图 2-5-11 Landsat-5 TM 影像文件的信息

（3）辐射校正参数设置。在"ENVI Landsat Calibration"面板中，自动获得遥感影像的信息，如"Landsat Satellite Sensor"（卫星传感器）、"Data Acquisition（Month、Day、Year）"（成像时间）、"Sun Elevation"（太阳高度角）；选择"Calibration Type"（校正类型）为"Reflectance"（反射率）；点击"Edit Calibration Parameters"，可看到每个波段辐射亮度的最大值和最小值（图 2-5-12）。设置完成后输出结果。

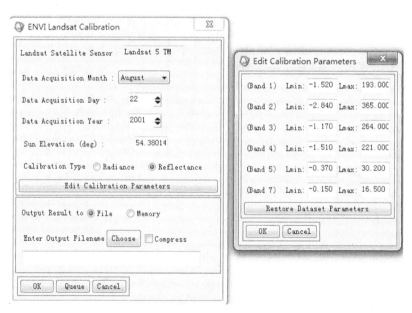

图 2-5-12 辐射校正参数设置

（4）查看结果。在图像上右键单击选择"Cursor Location/Value"，查看像元值为反射率。点击"Display"→"Profiles"→"Spectral"，查看图像上绿色植物像元处的反射波谱曲线（图2-5-13）。

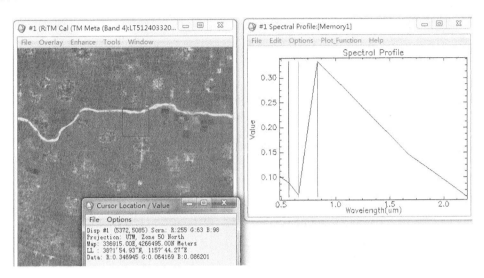

图 2-5-13　DN 值转化为反射率的辐射校正结果

4. DN 值先转化为辐射亮度再转化为反射率的辐射校正

（1）在 ENVI 中，打开 Landsat-7 ETM+遥感影像（图 2-5-14）。

图 2-5-14[*]　Landsat-7 ETM+遥感图像

（2）将原始影像 DN 值转化成辐射亮度。公式为

$$L_\lambda = \frac{\mathrm{LMAX}_\lambda - \mathrm{LMIN}_\lambda}{\mathrm{DN}_{\max} - \mathrm{DN}_{\min}} \cdot (\mathrm{DN} - \mathrm{DN}_{\min}) + \mathrm{LMIN}_\lambda$$

其中，L_λ 为各个波段的辐射亮度；$\mathrm{DN}_{\max}$ 为 DN 值的最大值 255；$\mathrm{DN}_{\min}$ 为 DN 值的最小值 1；LMAX_λ 为辐射亮度的最大值；LMIN_λ 为辐射亮度的最小值。Landsat-7 ETM+各个波段的辐射亮度最大值和最小值见表 2-5-3。

表 2-5-3　Landsat-7 ETM+各个波段的辐射亮度最大值和最小值

波段	LMIN	LMAX
1	−6.2	191.6
2	−6.4	196.5
3	−5.0	152.9
4	−5.1	157.4

　　在 ENVI 的"Toolbox"中，打开"Band Ration"→"Band Math"，在"Band Math"面板中输入各个波段的公式，将对应的变量输入到公式中，点击"OK"（图 2-5-15）。赋予公式中的变量 b1 为 Landsat 第 1 波段 DN 值图像，输出辐射亮度结果。按公式求出每个波段的辐射亮度。

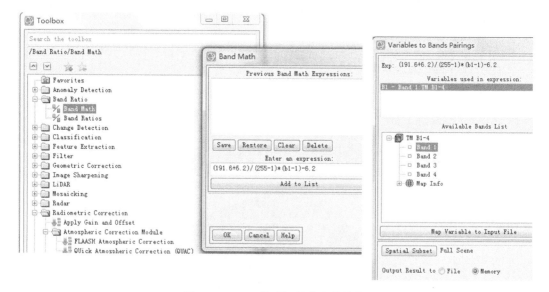

图 2-5-15　DN 值到辐射亮度的转化

（3）辐射亮度转化为反射率。公式为

$$\rho_{TOA} = \frac{\pi \cdot L_\lambda \cdot D^2}{ESUN_\lambda \cdot \cos\theta_s}$$

其中，ρ_{TOA} 为大气层顶的反射率；L_λ 为各个波段的辐射亮度；D 为日地距离，值为 0.9835；θ_s 为太阳天顶角，值为 51.2527；$ESUN_\lambda$ 为各个波段的平均太阳辐照度，数值见表 2-5-4。

表 2-5-4　Landsat-7 ETM+各个波段的太阳辐照度

λ	$ESUN_\lambda$
1	1997
2	1812
3	1533
4	1039

在 ENVI 中利用"Band Math"输入公式计算反射率（注意角的单位为弧度），输出各个波段的反射率结果图像。

（4）多波段合成。将单波段的辐射亮度和反射率图像分别合成彩色图像。

（5）利用 DN 值、辐射亮度、反射率图像分别计算 NDVI，并进行比较。在"Toolbox"中，打开"Spectral"→"Vegetation"→"NDVI"，在"NDVI Calculation Input File"面板中选择以上彩色合成图像，点击"OK"，文件类型设置为"Landsat TM"，输出结果。链接分别由 DN 值、辐射亮度和反射率计算的 NDVI 图像，统计并比较图像上植被的 NDVI 平均值，可知由反射率图像所计算的 NDVI 均值最高，能更好地代表植被生长情况。

实验 2-6　遥感影像的镶嵌

在遥感数据的实际应用中，如果研究区范围较大，一景遥感影像不能覆盖整个研究区，就需要把研究区多景相邻的遥感影像在一定数学基础的控制下进行无缝拼接，生成一个完整的遥感影像，称为遥感影像的镶嵌或拼接。进行影像镶嵌时需要确定一个参考影像，以参考影像为基准，决定输出影像的地图投影、像元大小、数据类型。ENVI 提供了透明处理、匀色、羽化等功能，可以解决图像镶嵌时颜色不一致、接边及重叠区问题。

遥感影像镶嵌的要求为：首先根据专业要求挑选合适季节和时间的遥感数据；尽可能选择成像时间和成像条件相近的遥感影像；要求相邻影像的色调一致；要镶嵌的遥感影像的像元大小可以不同，但必须具有相同的波段数。在 ERDAS 软件中要求遥感影像镶嵌之前进行几何校正，必须都包含相同的地图投影信息。ENVI 软件可对有地理坐标或没有地理坐标的多景影像进行镶嵌。

实验目的：掌握遥感影像镶嵌的原理，理解镶嵌需要的条件，会利用遥感图像处理软件对多个遥感影像进行镶嵌。

实验数据：ERDAS 软件中 examples 目录下的 Landsat MSS 影像和 TM 影像、石家庄地区两个 Landsat -5 TM 影像。

实验环境：ERDAS 和 ENVI 软件中的 Mosaic 功能。

实验内容：

（1）ERDAS 软件中遥感影像的镶嵌。

（2）ENVI 软件中遥感影像的镶嵌。

1. ERDAS 软件中遥感影像的镶嵌

1）加载要镶嵌的遥感影像

首先检查要镶嵌的遥感影像是否能够叠加，投影是否相同。点击 ERDAS 软件 "Data Preparation" 模块中的 "Mosaic Images..."，打开 "Mosaic Tool..."（镶嵌工具）窗口，在菜单中选择 "Edit" → "Add Images"，依次加入要镶嵌的影像，当加入第二个遥感影像时，"Image Area Options" 选择 "Compute Active Area"（计算有效区）（图 2-6-1）。

2）色彩校正

点击 "Edit" → "Color Corrections"（色彩校正），选择 "Use Color Balancing"（色彩均衡）或 "Use Histogram Matching"（直方图匹配），点击 "set..."，"Matching Method"（直方图匹配方法）选择 "Overlay Areas"（相交运算）（图 2-6-2）。

3）设置输出参数及结果输出

在进行遥感影像镶嵌时，亮度会存在差异，尤其当两个影像季节相差较大时，在图像的对接处，亮度差异更为明显。为了消除两个影像在镶嵌时的差异，需要进行重叠区亮度的调整。重叠区亮度的确定常用以下几种计算方法：最大值、最小值、平均值、羽化、叠加，即重叠区像元点的亮度值是两个影像对应像元的最大值、最小值或平均值，或采用羽化方法等。选择 "Edit" → "Set Overlap Function"，定义镶嵌函数，选择其中的一种。"Edit" → "Output

Options"，设置输出遥感影像的像元大小为 30m。点击"Process"→"Run Mosaic"，运行镶嵌，得到影像镶嵌结果（图 2-6-3）。可把各种镶嵌函数得到的结果进行对比，以获得最佳镶嵌图像。

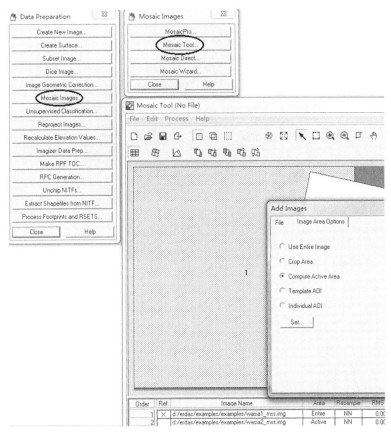

图 2-6-1　镶嵌工具中加载遥感影像

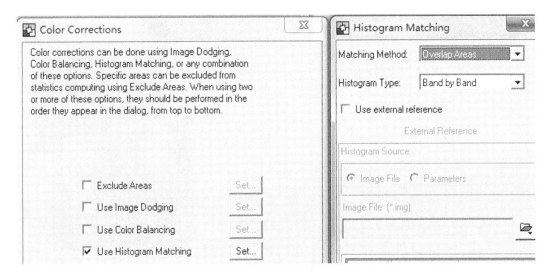

图 2-6-2　镶嵌中的色彩校正

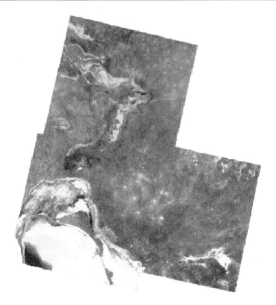

图 2-6-3[*]　遥感影像镶嵌结果

2. ENVI 软件中遥感影像的镶嵌

ENVI 软件提供了无缝镶嵌工具（Seamless Mosaic），可以对遥感图像进行镶嵌均色、接边线、羽化和预览等操作。对石家庄地区两景 Landsat TM 影像进行无缝镶嵌操作如下。

1）加载要镶嵌的遥感数据

在 ENVI 中打开要镶嵌的遥感影像，在 Toolbox 中，打开"Mosaicking"→"Seamless Mosaic"，启动无缝镶嵌工具。点击"Seamless Mosaic"面板，添加需要镶嵌的 Landsat TM 影像数据，单击"OK"，图像显示在窗口中（图 2-6-4）。

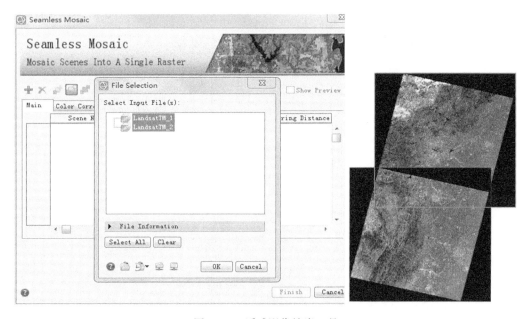

图 2-6-4　遥感影像镶嵌工具

当两个图像的重叠区有黑色背景时，在"Data Ignore Value"列中将每个图像的背景值设置为0，即可消除黑色背景（图 2-6-5），或单击鼠标右键选择"Change Selected Parameters"菜单进行批量设置。

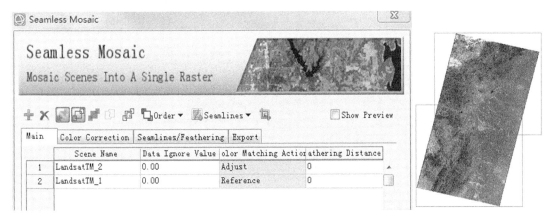

图 2-6-5 设置背景值

2）直方图匹配

采用颜色校正方法对遥感影像进行均色处理。以其中一景影像为参考影像，统计各镶嵌影像的直方图（可以是整景影像或重叠区的直方图），采用直方图匹配法匹配其他镶嵌影像，使它们的灰度特征相近。点击"Color Correction"（色彩校正）选项卡，选择"Histogram Matching"（直方图匹配）（图 2-6-6）。

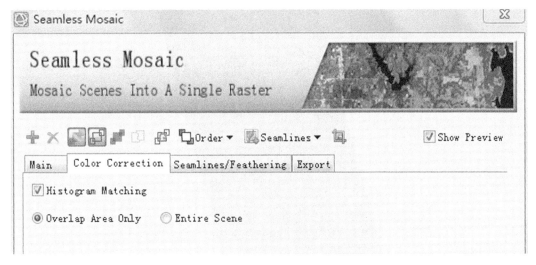

图 2-6-6 Color Correction 选项

Main 选项卡中，在"Color Matching Action"列单击右键，设置其中一个遥感影像为参考影像（Reference），另一个为待校正的影像（Adjust），根据预览效果确定参考图像（图 2-6-7）。

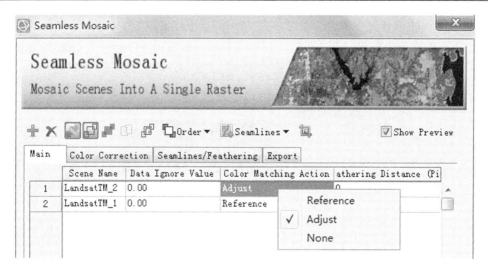

图 2-6-7　参考或待校正影像的设置

3）接边线生成

镶嵌过程中，在相邻两景影像的重叠区域内，按照一定规则选择一条线作为两景影像的接边线，能改善接边处差异太大的问题。ENVI 既提供自动生成接边线功能，又支持手动编辑，手动编辑时常常选择沿着重叠区的河流、道路等绘制接边线。

选择"Seamlines"→"Auto Generate Seamlines"，自动绘制接边线（图 2-6-8）。

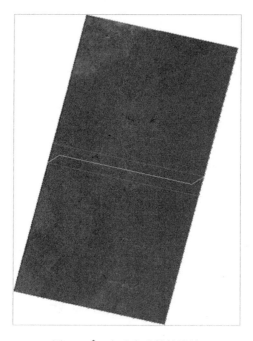

图 2-6-8*　自动生成的接边线

自动生成的接边线比较规整，如果不满意，可以选择菜单"Seamlines"→"Start editing seamlines"，通过绘制多边形重新设置接边线（图 2-6-9）。

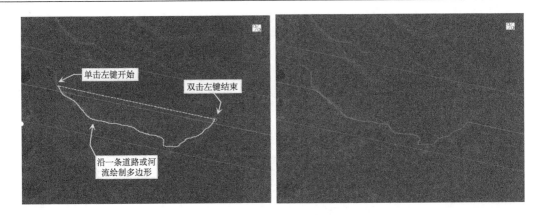

图 2-6-9 手动编辑接边线

4）羽化设置

将影像重合的边缘进行羽化，可以根据需要设定羽化的距离，并沿着边缘或者接边线进行羽化。单击"Seamlines/Feathering"选项卡，选中"Apply Seamlines"。羽化有三种方法："Edge Feathering"（边缘羽化）、"Seamline Feathering"（接边线羽化）或"None"（图 2-6-10），本实验选择第二种。

图 2-6-10 羽化选择

在"Main"选项卡，可在"Feathering Distance（Pixels）"列中设置每个影像的羽化距离，单位为像元。或在"Feathering Distance（Pixels）"列中，单击鼠标右键选择"Change Selected Parameters"进行批量设置，根据效果设置合适的羽化距离（图 2-6-11）。

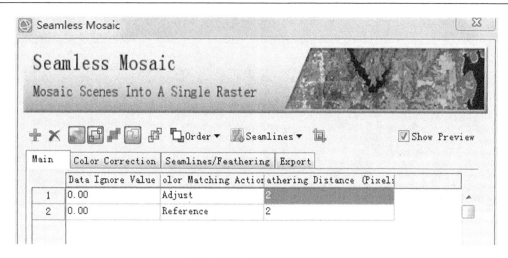

图 2-6-11　设置羽化距离

5）输出结果

单击"Export"选项卡，选择"Output Format（输出格式）"为 ENVI 或 TIFF 格式，输出文件；设置"Output Background Value"（背景值）为 0；从以下三种"Resampling Method"（重采样方法）中选择一种：Nearest Neighbour（最近邻点法）、Bilinear（双线性内插法）或 Cubic Convolution（三次卷积法）。"Select Output Bands"（选择输出波段）：设置输出镶嵌影像的波段数量（图 2-6-12）。镶嵌结果为由多景遥感影像获得的一个完整的遥感影像，Landsat TM 影像镶嵌结果如图 2-6-13 所示。

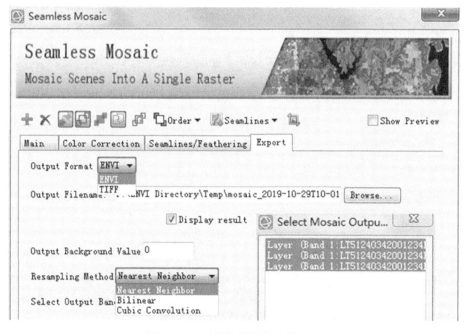

图 2-6-12　影像镶嵌输出参数设置

图 2-6-13[*]　Landsat TM 影像镶嵌结果

实验 2-7　DEM 的生成和三维地表显示

DEM 能显示地表起伏，可以生成坡度、坡向、等高线等。ERDAS 软件中的地表内插（Surfacing）功能可从有规律间隔分布的点产生 DEM。支持的数据包括：ASCII 文件、ArcInfo 的点 Coverage 和线 Coverage、注记层、Img 格式的影像文件等。遥感影像和 DEM 的三维显示可以在 ERDAS、ENVI 和 ArcScene 中进行。

实验目的：利用 ASCII 文件、点 Coverage、线 Coverage 生成 DEM；利用 DEM 和遥感影像显示三维地形。

实验数据：ERDAS 软件 Examples 的 ASCII 文件、遥感影像、DEM 文件；河北省 MODIS 影像和 DEM 数据。

实验环境：ERDAS 软件的 Create Surface 功能；ERDAS、ENVI 和 ArcScene 的三维显示功能。

实验内容：

（1）在 ERDAS 中用 ASCII 文件生成 DEM。

（2）在 ERDAS 中遥感影像和 DEM 的三维显示。

（3）在 ENVI 中遥感影像和 DEM 的三维显示。

（4）在 ArcScene 中遥感影像和 DEM 的三维显示。

1. ASCII 文件生成 DEM

1）点状数据输入参数设置

利用 ERDAS 软件 "Data Preparation" 模块中的 "Create Surface" 功能，从点状数据生成 DEM。点击 "Surfacing Tool…"，打开 "3D Surfacing" 窗口。点击 "File" → "Read"，读入数据；"Source File Type"（源文件类型）选择点状数据（图 2-7-1）。

在 "Import Options"（输入选项）面板中，点击 "Input Preview"，预览数据可知，字段 2、3、4 分别是点的 X、Y、Z（高程）值，因此在 "Field Definition"（字段定义）中的输出列 X、Y、Z 处，分别输入 2、3、4（图 2-7-2）。

数据可保存为 Coverage、Shapefile 或 TIN 等格式。在 "3D Surfacing" 窗口中，点击 "File" → "Save As" 保存点状数据。输入数据必须有 X、Y、Z 值，地表内插计算出输入数据中无 Z 值的空间位置的 Z 值，然后输出一个包含内插计算出的 Z 值的连续栅格影像。

2）DEM 生成及图层叠加

在 "3D Surfacing" 窗口中，点击 "Surface" → "Surfacing"，选择一种 "Surfacing method"（内插方法）：Linear Rubber Sheeting（线性内插）或 Non-linear Rubber Sheeting（非线性内插）。线性内插采用一次多项式方程，产生 TIN 三角形，称为角平面，此方法速度快，结果更具有预测性。非线性内插采用五次多项式方程，产生平滑的弹性曲面，此方法在具有起伏的有规律分布的数据集中，产生更连续更自然的等高线。设置输出像元大小为 30m，选择统计忽略 0，生成 DEM。同时还可以选择 "Create a Contour Map"，生成 Shapefile 格式的等高线文件，"Contour Interval"（等高线间隔）可根据数据分布特点设置，如 10m 或 50m 等。DEM 与点状数据和等高线的叠加结果如图 2-7-3 所示。

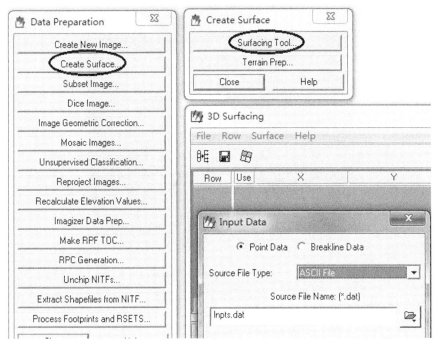

图 2-7-1　DEM 生成中输入点状数据

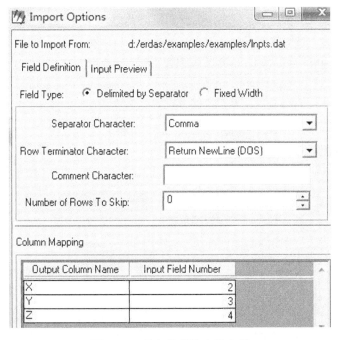

图 2-7-2　输入数据的字段定义

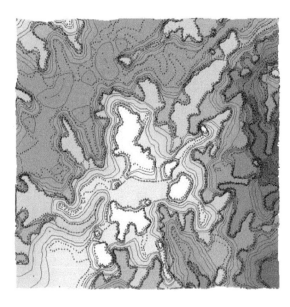

图 2-7-3　DEM 与点状数据和等高线叠加

2. ERDAS 中遥感影像和 DEM 的三维显示

（1）在一个视窗中，叠加 DEM 文件和遥感影像文件。在视窗中点击"Utility"→"Image Drape"，打开"Image Drape"窗口，在原始视窗中同时出现"Eye"和"Target"的视域，可拖拽眼睛或目标，调整角度，在"Image Drape"窗口同步显示三维地形情况。

（2）在"Image Drape"窗口中，点击右键，选择"Options…"，可设置 DEM 垂直"Exaggeration"（放大）的倍数、"Fog"（雾）的颜色和"Background"（背景）颜色、"Solid Color"（实色）或"Fade Color"（渐进色）填充（图 2-7-4）。

图 2-7-4* 　三维显示的参数设置

（3）在"Image Drape"窗口中，点击"View"→"LOD Control..."，可设置 DEM 和栅格影像显示的详细程度（Level of Detail）百分比。点击"View"→"Sun Positioning..."，可设置太阳高度角和方位角（图 2-7-5）。

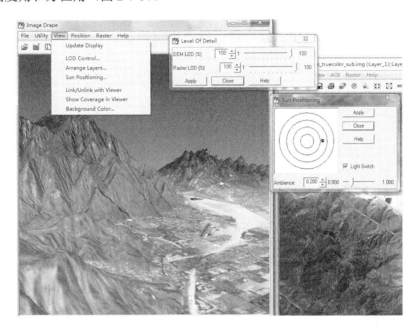

图 2-7-5　三维显示详细程度和太阳条件设置

3. ENVI 中遥感影像和 DEM 的三维显示

（1）在 ENVI 中，打开要进行三维显示所需的河北省 MODIS 影像和 DEM。在 Toolbox 中，点击"Terrain"→"3D SurfaceView"，点击"OK"，弹出"Select 3D SurfaceView Image Bands Input"对话框，选择 MODIS 影像，弹出"Associated DEM Input File"对话框，选择 DEM，如图 2-7-6 所示。

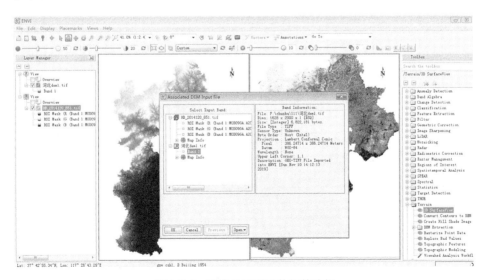

图 2-7-6　三维显示所需数据的选择

（2）弹出"3D SurfaceView Input Parameters"对话框，选择相应的选项。"DEM Resolution"
（DEM 分辨率）：选择不同的数值，值越大，DEM 分辨率越高。"Resampling"（重采样）方
法："Nearest Neighbor"（最近邻点法）或 "Aggregate"（聚合法）。"DEM min plot value" 和
"DEM max plot value"：根据所用 DEM 的最小值和最大值设置。"Vertical Exaggeration"：根
据研究区，设置合适的 DEM 垂直放大倍数，如图 2-7-7 所示。

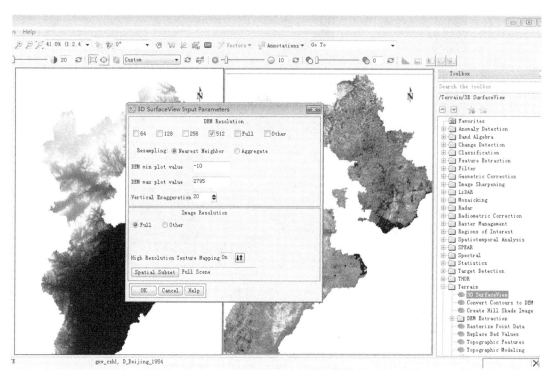

图 2-7-7　三维显示输入参数选择

河北省 MODIS 影像和 DEM 的三维显示效果如图 2-7-8 所示。

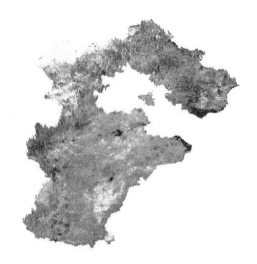

图 2-7-8[*]　河北省 MODIS 影像和 DEM 的三维显示效果

4. ArcScene 中遥感影像和 DEM 的三维显示

（1）点击 ArcGIS 中的 ArcScene 模块，加载 MODIS 遥感影像和 DEM（图 2-7-9）。

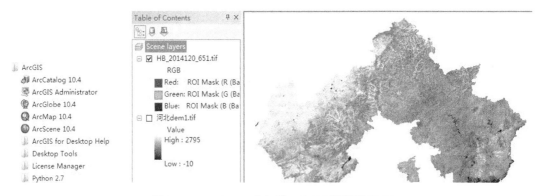

图 2-7-9　ArcScene 中加载 MODIS 影像和 DEM

（2）在 MODIS 图层处右击，选择"Properties"，出现"Layer Properties"面板。点击"Base Heights"，在"Elevation from surfaces"选项的"Floating on a custom surface"下拉框中选择相应的 DEM 文件；在"Elevation from features"选项的"Custom"下拉框中设置放大倍数（图 2-7-10）。

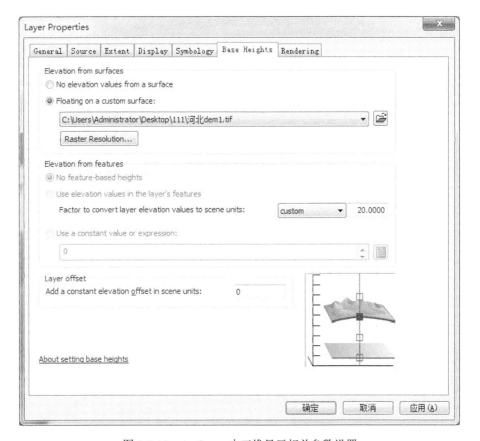

图 2-7-10　ArcScene 中三维显示相关参数设置

（3）在 ArcScene 界面中查看三维显示效果（图 2-7-11）。

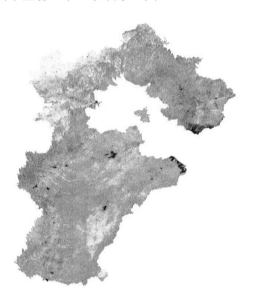

图 2-7-11[*]　在 ArcScene 中的三维显示效果

实验 2-8　遥感影像的增强

遥感影像增强处理的目的是突出遥感影像中的有用信息，使感兴趣的特征得以增强，提高遥感影像的可解译性。

遥感影像增强处理可分为空间特性增强、波谱特性增强和时间增强。空间特性增强主要对遥感影像的边缘、线条、纹理结构特征进行处理；波谱信息增强主要突出灰度信息；时间增强主要提取多时相图像中波谱与空间特征随时间变化的信息。遥感影像增强处理的一些方法只用于特定信息的增强，而抑制或损失了其他信息。如定向滤波能增强影像中的边缘、线条与纹理特征信息，但以牺牲影像中的波谱信息为代价。有些方法可以用于几种信息的同时增强，例如，对比度扩展既能突出特定的灰度变化信息，又能使图像中的线与边缘特征也得到加强。

遥感影像增强又可分为空间域增强和频率域增强。采用窗口方法的空间滤波是在影像的空间变量范围内进行的局部计算，使用空间二维卷积方法。空间域增强的方法计算简单，易于实现，精度较差，常常造成图像边缘像元点的损失，图像有不协调之感。频率域增强采用傅里叶变换方法，通过修改原图像的傅里叶变换实现滤波；频率域的算法计算量相对大些，精度较高，一般无边缘像元点损失，图像显示协调。

遥感影像增强也可分为点处理和邻域（窗口）处理。点处理基于一个像元的值，不考虑周围像元的值，按照特定的数学变换模式，把原图像中的每一个像元值转换成输出图像中对应像元的一个新灰度值，如线性扩展、比值、直方图变换等；邻域处理针对一个像元周围的一个小邻域（窗口）的所有像元进行，输出值除与原图像中对应像元的灰度值有关外，还与它邻近像元的灰度值大小有关，如卷积运算、中值滤波、滑动平均等。

实验目的：理解遥感影像增强处理的原因及效果，会进行遥感影像的空间增强、辐射增强、波谱增强、傅里叶变换、地形分析等增强处理。

实验数据：ERADS 软件的 Example 文件夹中的遥感影像数据、DEM 数据及其他 Landsat 卫星数据。

实验环境：ERDAS 软件中 Interpreter 模块、地形分析模块、变化检测等功能模块。

实验内容：

（1）遥感影像的空间增强（空间域滤波）。

（2）遥感影像的辐射增强。

（3）遥感影像的波谱增强。

（4）遥感影像的傅里叶变换（频率域滤波）。

（5）地形分析。

1. 空间增强

1）遥感影像的空间频率

遥感影像的空间频率是连续像元值的最高与最低值的差，或者说是对影像特定部分单位距离内亮度值的变化数量。如果遥感影像中的所有像元都有相同的数字值，则空间频率为零

[图 2-8-1(a)]；如果遥感影像由黑和白这两种像元组成，则空间频率最高[图 2-8-1(c)]；如果遥感影像由黑、白、灰缓慢渐变的不同灰度的像元组成，则空间频率较低[图 2-8-1(b)]。

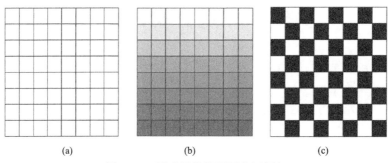

(a)　　　　　　　　　　(b)　　　　　　　　　　(c)

图 2-8-1　遥感影像的不同空间频率

　　一些小地貌变化、小断裂的发育、岩石蚀变往往出现在遥感影像亮度的突变处，与影像中的高频密切相关。图像的背景如河流、主干及大型线性构造等亮度变化是渐变的（边缘变化除外）、区域性的，它们往往与图像中的低频相对应。

　　由于研究目的不同，有时需要增强局部变化信息，有时则需要突出主干区域性断裂的分布特征，前者可以通过增强高频、压抑低频成分的方法来实现，称为遥感图像的高通滤波或锐化，以突出边缘、线条、纹理、细节；后者可以通过压抑高频，增强低频成分的方法来实现，称为遥感图像的低通滤波或平滑，保留主干、粗结构。

　　2）空间域的滤波和卷积运算

　　空间域的滤波是指在图像空间域内对输入图像应用若干滤波函数而获得改进的输出图像的技术，是影像增强时空间或波谱特征的改变，效果有噪声的消除、边缘及线的增强、图像的清晰化等。遥感影像的空间域滤波是通过卷积运算进行的，通常采用 $n \times n$ 的矩阵算子作为卷积函数。卷积滤波是在影像中平均化一个小像元集合的过程，用于改变一个像元的空间频率特性。卷积核是一个数值矩阵，用于以特定方法利用周围像元的值平均化每个像元的值。矩阵中的数值用于对特定像元的值作权重。卷积公式为

$$V = \left[\frac{\sum\limits_{i=1}^{q} \left(\sum\limits_{j=1}^{q} f_{ij} \cdot d_{ij} \right)}{F} \right]$$

其中，V 为输出像元值；f_{ij} 为卷积核系数；d_{ij} 为对应输入像元的值；q 为卷积核维数；F 为卷积核中各元素的和。

　　卷积运算就是用卷积核的每个值乘以与之对应的影像像元值的总和除以卷积核中所有值的总和，再取整。卷积核叠加在一个波段的影像的像元值上，因此要卷积的像元在窗口（卷积核）的中心。如图 2-8-2 所示，3×3 卷积核应用到遥感影像数据中第三行、第三列的像元上，卷积核中心处的像元值"8"经过卷积运算后的值为 11。

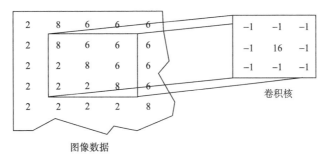

图 2-8-2　卷积核应用于遥感图像

3）滤波的类型

（1）高通滤波。如果一个卷积核对遥感图像进行卷积运算后，提高了遥感图像的空间频率，那么这个卷积核称为高通核或高频核，此滤波称为高通滤波或锐化处理。图 2-8-2 中的卷积核就是高通核。高通核使相对较低的像元值变得更低，较高的像元值变得更高，从而提

高了遥感影像的空间频率。例如，卷积核 $\begin{bmatrix} -1 & 16 & -1 \\ -1 & 16 & -1 \\ -1 & 16 & -1 \end{bmatrix}$ 就是高通核。

（2）低通滤波。如果一个卷积核对遥感图像进行卷积运算后，降低了遥感图像的空间频率，那么这个卷积核称为低通核或低频核，此滤波称为低通滤波或平滑处理。如卷积核

$\begin{bmatrix} 1 & 1 & 1 \\ 1 & 1 & 1 \\ 1 & 1 & 1 \end{bmatrix}$，降低了遥感图像的空间频率，因此是低通核。低通核平均化像元的值，使它们

变得更同质（低空间频率），结果影像看起来更平滑或更模糊。

在遥感影像中亮度变化突然或变化幅度较大时，通过平滑可减小变化梯度，使亮度平缓渐变。例如，为突出水系，需要滤去比水系更细微的信息，就可以采用平滑处理的方法。

（3）边缘检测器。和为零的卷积核称为边缘检测器，如卷积核 $\begin{bmatrix} -1 & 0 & 1 \\ 1 & 0 & -1 \\ -1 & 0 & 1 \end{bmatrix}$，在低空间

频率区使空间频率更低，在高空间频率区产生鲜明对比，结果影像仅包括边缘和零值。和为零时，卷积公式中的分母为零，此时分母设为 1。此核通常使输出值有如下规律：在所有输入值相等的区域输出值为 0；在空间频率低的区域输出值更低；在空间频率高的区域输出值更高，即低值变得更低，高值变得更高。

（4）定向滤波。遥感影像的定向滤波是通过一定尺寸的方向模板（卷积核）对图像进行卷积运算，并以卷积值代替各点亮度值来实现的。方向模板是各元素大小按照一定的规律取值，并对某一方向灰度变化最敏感的数字矩阵。它在所要增强的方向上取值最大，从而突出该方向的信息。定向滤波卷积的效果取决于模板的最大响应方向。模板方向的判断准则是：计算模板 0°、45°、90°以及 135°四个方向所有与之平行的直线的各个数值的和，每个方向的中间项与两侧的差异最大的方向就是模板的响应方向。

如图 2-8-3 中模板（b）所示，其 0°方向的三条直线的数值代数和是 0，0，0；45°方向的五条直线的数值代数和为–1，–2，6，–2，–1；90°方向的三条直线的数值代数和是 0，0，0；135°方向的五条直线的数值代数和是 2，–2，0，–2，2。很显然 45°方向中间项的 6 与其两侧的–2 代数差最大，因此图 2-8-3（b）的模板响应方向是 45°。

$$\begin{bmatrix} -1 & -1 & -1 \\ 2 & 2 & 2 \\ -1 & -1 & -1 \end{bmatrix} \quad \begin{bmatrix} -1 & -1 & 2 \\ -1 & 2 & -1 \\ 2 & -1 & -1 \end{bmatrix} \quad \begin{bmatrix} -1 & 2 & -1 \\ -1 & 2 & -1 \\ -1 & 2 & -1 \end{bmatrix} \quad \begin{bmatrix} 2 & -1 & -1 \\ -1 & 2 & -1 \\ -1 & -1 & 2 \end{bmatrix}$$

(a) 水平　　　　　(b) 45°　　　　　(c) 垂直　　　　　(d) 135°

$$\begin{bmatrix} 1 & 1 & 1 \\ 2 & 2 & 2 \\ 1 & 1 & 1 \end{bmatrix} \quad \begin{bmatrix} 1 & 1 & 2 \\ 1 & 2 & 1 \\ 2 & 1 & 1 \end{bmatrix} \quad \begin{bmatrix} 1 & 2 & 1 \\ 1 & 2 & 1 \\ 1 & 2 & 1 \end{bmatrix} \quad \begin{bmatrix} 2 & 1 & 1 \\ 1 & 2 & 1 \\ 1 & 1 & 2 \end{bmatrix}$$

(e) 水平　　　　　(f) 45°　　　　　(g) 垂直　　　　　(h) 135°

图 2-8-3　方向卷积核

遥感影像处理往往要根据处理要求设计模板，方法是首先排模板响应方向中间平行线上的模板元素值，一般都取为相同的数字，然后排模板响应方向的其他直线上的元素值，使它们与中间线之间存在差异即可。

4）空间增强处理实例

在 ERDAS 软件"Interpreter"模块的"Spatial Enhancement…"中，有很多卷积和滤波的空间增强功能（图 2-8-4）。

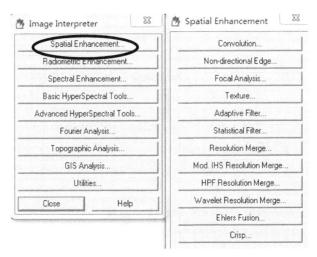

图 2-8-4　ERDAS 中空间增强的功能

（1）卷积增强。卷积增强是将整个像元按照像元分块进行平均处理，用于改变遥感影像的空间频率特征。选择"Spatial Enhancement"中的"Convolution…"（卷积），确定输入文件。

卷积处理的关键是卷积核系数矩阵的选择。ERDAS 软件将常用的卷积算子放在一个 "Kernel Library"（卷积核库）中，文件名为 "default.klb"，主要包括 3×3、5×5、7×7 三组，每组又包括很多卷积核，如 Edge Detect（边缘检测）、Edge Enhance（边缘增强）、Low Pass（低通滤波）、High Pass（高通滤波）、Horizontal（水平增强）、Vertical（垂直增强）等。另外还有 9×9 和 11×11 的低通核。任意选取一个卷积核，点击 "Edit"，可以查看各个卷积核的作用以及卷积核中系数矩阵的不同排列（图 2-8-5）。选择 "5×5 Edge Enhance"，确定输出文件，设置输出数据类型为 "Unsigned 8 bit"，选中 "Ignore Zero in Stats."，计算统计时忽略零值像元。

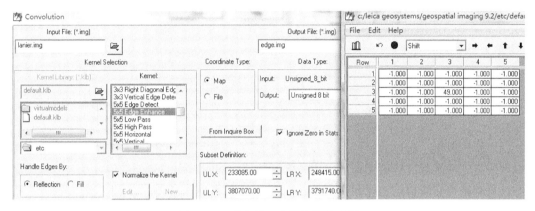

图 2-8-5　卷积处理中卷积核的选择

（2）非定向边缘增强。非定向边缘增强是利用两个常用的滤波器（Sobel 滤波器和 Prewitt 滤波器），先通过两个正交卷积算子（水平核和垂直核）分别对遥感影像进行边缘检测，然后将两个正交结果进行平均化处理。

Sobel 滤波器的两个正交卷积算子：

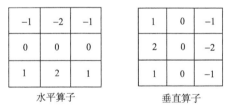

　　　　水平算子　　　　　　　　　　　垂直算子

Prewitt 滤波器的两个正交卷积算子：

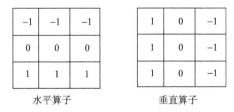

　　　　水平算子　　　　　　　　　　　垂直算子

选择 "Non-Directional Edge"（非定向边缘增强），确定输入文件，在 "Filter Selection"（滤波选项）中选择一个滤波器（图 2-8-6）。设置输出数据类型为 "Unsigned 8 bit"，同时选中 "Ignore Zero in Stats."。

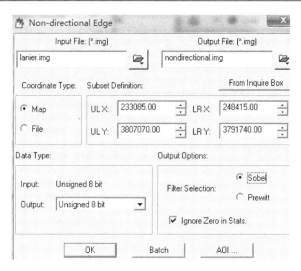

图 2-8-6　非定向边缘增强中滤波器的选择

（3）聚焦分析。聚焦分析使用类似卷积滤波的方法对遥感影像进行多种分析，基本算法是根据所定义的函数，应用窗口范围内的像元数值计算窗口中心像元的值，达到影像增强的目的。关键是聚焦窗口的选择和聚焦函数的定义。选择"Focal Analysis"（聚焦分析），确定输入文件，"Size"（聚焦窗口）可选择 3×3、5×5、7×7 中的一种，窗口形状缺省为正方形，通过取消勾选，可以调整为各种形状（如菱形）（图 2-8-7）。"Function Definition"（函数定义）包括 Sum（和）、Mean（均值）、SD（标准差）、Median（中值）、Max（最大值）、Min（最小值），确定输出文件，设置输出数据类型为"Unsigned 8 bit"，同时选中"Ignore Zero in Stats."。

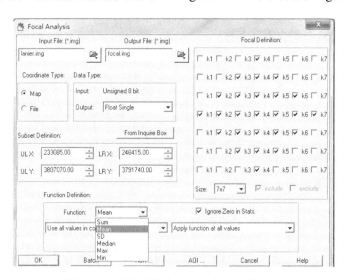

图 2-8-7　聚焦分析中窗口定义和函数选择

（4）纹理分析（Texture Analysis）。纹理分析通过在一定窗口内进行二次变异分析（2rd-Order Variance）或三次非对称分析（3rd-Order Skewness），使雷达图像或其他图像的纹理结构得到增强。选择"operators"（算子）为 Variance 或 Skewness；选择"Window Size"

（窗口大小）：3×3、5×5 或 7×7。

（5）自适应滤波。自适应滤波（Adaptive Filter）应用 Wallis 自适应滤波方法对图像的感兴趣区域（AOI）进行对比度拉伸处理，从而达到对遥感影像增强的目的。关键是"Window Size"（窗口大小）的选择和"Multiplier"（乘积倍数）的定义，乘积倍数是为了扩大图像的反差或对比度，默认值为 2。"Options"中，选择"Bandwise"（逐个波段进行滤波）或"PC"（仅对主成分变换后的第一主成分进行滤波）。

（6）统计滤波。统计滤波（Statistical Filter）应用 Sigma（变异系数）滤波方法对所选遥感影像区域之外的像元进行改进处理，达到影像增强的目的。最早用于雷达影像的斑点噪声消除处理，之后用于光学图像的处理。此功能中，Sigma 设定为一个平均值 0.15，这个值可以通过乘积倍数进行修改。窗口大小固定为 5×5，"Multiplier"（乘积倍数）有 4、2、1。

（7）锐化增强。锐化增强（Crisp）的实质是对遥感影像进行卷积处理，使整个影像的亮度得到增强而不使其专题内容发生变化。

2. 辐射增强

辐射增强（对比度增强）就是扩大遥感影像的灰度动态范围，即加大图像的对比度，达到影像信息增强的目的。对比度增强处理是一种点处理方法。

1）查找表拉伸

遥感影像有一定的量化级数，如 TM 为 256 级，然而实际遥感影像数据很少能利用到 256 个灰度级。拉伸可以扩展影像的灰度动态范围，加大影像的对比度。查找表拉伸是遥感影像对比度拉伸的总和，通过修改影像查找表 LUT（Lookup Table），影像输出值发生变化。

打开"Interpreter"模块的"Radiometric Enhancement"，点击"LUT Stretch"（查找表拉伸），确定输入文件，输出数据类型为"Unsigned 8 bit"，同时勾选统计忽略 0。在"Stretch Options"（拉伸选项）中，选择"Gray Scale"（灰阶），可以把多光谱遥感影像的某个波段进行拉伸。遥感影像的第一波段拉伸前后的直方图对比如图 2-8-8 所示。

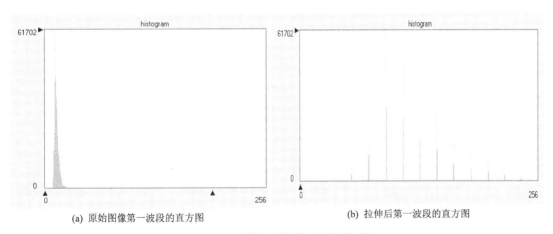

(a) 原始图像第一波段的直方图　　　　　　　　(b) 拉伸后第一波段的直方图

图 2-8-8　查找表拉伸前后直方图对比

2）直方图均衡化

遥感影像直方图是影像总貌的描述，对直方图的形式进行修改可以改善影像的面貌，达到增强的目的。直方图均衡化（平坦化），就是通过变换函数将原始图像的直方图调整为一个均衡（平坦）的分段直方图，实质是对遥感影像进行非线性拉伸，重新分配影像像元值，使一定灰度范围内像元的数量大致相等。原来直方图中的峰顶部分对比度得到增强，而两侧的谷底部分对比度降低，即使原影像中等亮区的对比度得到扩展，高亮区和低亮区的对比度相对受压缩。这种处理方法有利于在大的背景色调中提取有用信息。

打开"Interpreter"模块的"Radiometric Enhancement"，点击"Histogram Equalization"（直方图均衡化），确定输入文件，"输出数据分段"（Number of Bins）默认值为256，同时勾选统计忽略0。直方图均衡化的效果见图2-8-9。

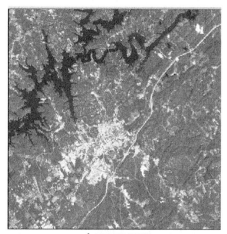
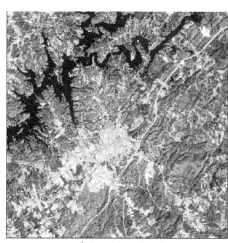

(a)* 原始遥感影像　　　　　　　　(b)* 均衡化的遥感影像

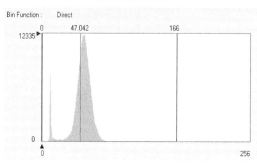
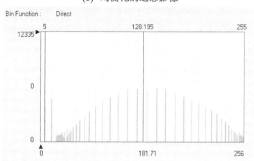

(c) 原始图像第四波段的直方图　　　　(d) 均衡化后第四波段的直方图

图2-8-9　直方图均衡化的效果对比

3）直方图匹配

直方图匹配是对遥感影像查找表进行数学变换，使一个影像某个（或所有）波段的直方图与另一个（或所有）影像对应波段类似，直方图匹配经常作为相邻影像拼接或多时相遥感影像进行动态变化研究的预处理工作。通过直方图匹配可以部分消除由于太阳高度角或大气影响造成的相邻影像的效果差异。

打开"Interpreter"模块的"Radiometric Enhancement"，点击"Histogram Matching"（直方图匹配），输入要匹配的文件：wasia1_mss.img，匹配参考文件：wasia2_mss.img，匹配波段：1，输出数据类型为"Unsigned 8 bit"，同时勾选统计忽略0。

4）去霾处理

去霾处理的目的是降低多波段或全色遥感影像的模糊度。对多光谱遥感影像，基于穗帽变换，产生一个与霾相关的组分，去除此组分，再转换到 RGB 彩色空间。由于特定传感器数据的穗帽变换，此算法仅用于 Landsat-4、Landsat-5 和 Landsat-7 的影像数据。全色影像利用点扩散卷积逆变换进行处理，霾高时选用 5×5 的卷积核，霾低时选用 3×3 的卷积核。

打开"Interpreter"模块的"Radiometric Enhancement"，点击"Haze Reduction"（去霾），确定输入文件：loplakebedsig357.img，"Point Spread Type"（点扩散类型）选择"High"，同时勾选统计忽略 0。

5）去条带处理

去条带处理是针对 Landsat TM 影像的扫描特点对其原始数据进行三次卷积处理，达到去除扫描条带的目的。对边缘的处理有两种方法：Reflection（反射）和 Fill（填充），前者是应用图像边缘灰度值的反射作为图像边缘以外的像元值，以免出现晕光；后者是统一将图像边缘以外的像元用 0 值填充，使背景呈现黑色。

打开"Interpreter"模块的"Radiometric Enhancement"，点击"Destripe TM Data"（去 TM 数据条带），确定输入文件：tm_striped.img，输出数据类型为"Unsigned 8 bit"，同时勾选统计忽略 0。去除条带前后的影像比较如图 2-8-10 所示。

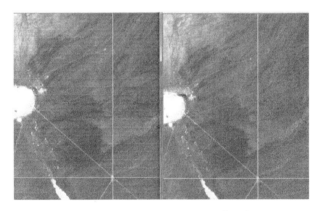

图 2-8-10　去除条带前后的影像比较

3. 波谱增强

1）比值处理

a. 比值处理的应用。比值处理是将两个不同波段的遥感影像，经过配准后像元值对应相除的运算（除数不为零），为避免出现小数，可以乘以一个系数，最后取整。遥感影像比值处理的应用有：① 用于将多光谱遥感影像的阴影影响降到最小。因为地形的阴阳坡、云层等会引起光照条件发生变化，所以同一地物的亮度值会发生变化，尤其是在山区，将会给影像的解译造成困难。但同一地物的某种亮度比值会保持不变，因此比值图像能消除某些干扰因素，突出目标信息。② 广泛用于矿物探测和植被分析，以反映各种矿物或植被的微小差别。利用比值图像使各类地物的均值拉开，方差缩小，利于分类。③ 用一个波段和两个比值影像的彩色合成可以突出某些地物，从而提取目标信息。

b. 比值处理实验。比值植被指数（ratio vegetation index, RVI）能较好地反映植被覆盖度和生长状况的差异，特别适用于植被生长旺盛、高覆盖度的植被监测。

ENVI 软件中，利用 Band Math（波段运算）工具可以计算 RVI。操作步骤如下。

（1）打开 Landsat-8 多光谱遥感影像。在 Toolbox 中，打开"Band Ratio"→"Band Math"，在表达式输入框"Enter an expression"中输入：b5/b4，单击"Add to List"按钮，将表达式添加到列表中（图 2-8-11）。

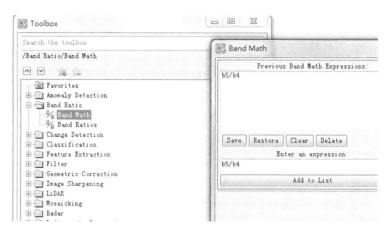

图 2-8-11 打开 Band Math 工具

（2）点击"OK"，打开"Variables to Bands Pairings"对话框，对表达式中的变量进行定义。在"Variables used in expression"列表框中，选择变量 B4，在"Available Bands List"中，选择遥感影像的红光波段，对变量 B5 选择近红外波段（图 2-8-12），设置输出文件。

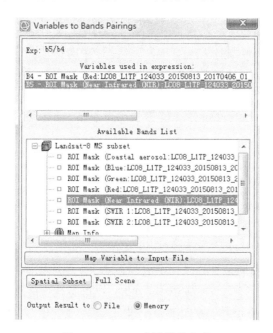

图 2-8-12 RVI 中波段的定义

（3）RVI 结果及 RVI 统计如图 2-8-13 所示。

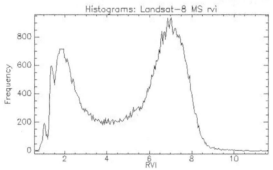

图 2-8-13   原始遥感影像与 RVI 影像及统计

2）差值处理

（1）差值处理的应用。差值处理是空间配准后的两个影像对应像元的值相减。为避免出现负值，将每个像元的值加一个值，使所有像元的值为零或正值，再乘以一个正系数，使数据在灰度动态范围之内，如 Landsat 的 0～255。遥感影像差值处理的应用主要有：①根据光谱差异区分地物。如果同时相的两个不同波段的遥感图像经过配准并进行了辐射校正，则对应像元的差值反映了同一地物波谱反射率的差异。例如，对 Landsat-7 图像进行第 4 波段（近红外）与第 3 波段（红光）的差值运算，因为植被的波谱差值最大，土壤和水等其他地物的反射率差异较小，所以在差值图像上，植被的亮度较高，很容易得到区分。②分析一定时间内的变化。同一地区不同时相的遥感影像，经过配准后相减，可以反映地物的明显变化。利用长时间序列的遥感影像，可以分析地物多年以来的变化。

（2）差值处理实验。变化检测是根据两个时期的遥感影像计算其差异，根据定义的阈值来表明重点变化区域，并输出两个结果图像：一个是图像变化（差值）文件，一个是突出变化区域文件。在 ERDAS 软件中，打开"Interpreter"模块的"Utilities"，选择"Change Detection"（变化检测），确定输入文件，"Before Image"（变化前影像）：atl_spotp_87.img，"After Image"（变化后影像）：atl_spotp_92.img，可目视出这个地区大致的变化（图 2-8-14）。确定"Image Difference File"（差值影像）和"Highlight Change File"（变化影像），变化显示用"As Percent"（百分比），"Increase more than"和"Decrease more than"，可修改增加和减少大于多少的比例以及颜色，默认值为增加 10%为绿色，减少 10%为红色。差值影像是一个单波段连续的灰度影像，而变化影像是一个五个类型的专题影像，可以修改图像的属性，把五类设置为不同的颜色并显示出来（图 2-8-15）。

(a) 变化前　　　　　　　　　　　(b) 变化后

图 2-8-14　不同时间的遥感影像

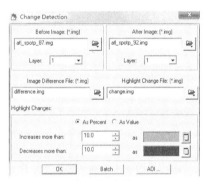

(a) 变化检测参数设置

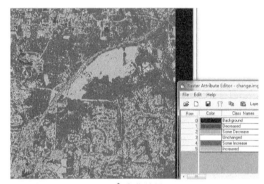

(b) 变化结果

图 2-8-15　变化检测的参数设置及结果

3）去相关拉伸

去相关拉伸是先对原始遥感影像进行主成分变换，并对主成分影像进行对比度拉伸，再进行主成分逆变换，根据特征矩阵，将遥感影像返回到 RGB 空间。去相关拉伸后灰度得到了拉伸，加大了影像的对比度。打开"Interpreter"模块的"Spectral Enhancement"，选择"Decorrelation Stretch"（去相关拉伸），确定输入文件，输出数据类型，选择"Stretch to Unsigned 8 bit"，同时勾选"Ignore Zero in Stats."。去相关拉伸前后影像的像元值范围对比如表 2-8-1 所示。

表 2-8-1　去相关拉伸前后像元值范围的变化

波段	原始遥感影像	去相关拉伸后的影像
1	52～255	5～255
2	16～172	1～255
3	10～227	8～255
4	0～166	5～255
5	0～253	2～255
6	94～156	2～255
7	0～175	2～255

　4）色彩变换和逆变换

　　色彩变换（RGB 到 IHS）是将遥感影像从 RGB 三种颜色组成的彩色空间转换到以亮度（intensity, I）、色调（hue, H）和饱和度（saturation, S）作为定量参数的彩色空间，使影像的颜色与人眼看到的更为接近。其中，亮度表示整个影像的明亮程度，取值范围为 0～1；色调代表像元的颜色，取值范围为 0～360；饱和度代表颜色的纯度，取值范围为 0～1。

　　RGB 颜色空间可认为是一个正方体，其顶点表示三原色中的一种或多种的纯混合。正方体内部的空间代表所有其他可能的颜色。IHS 彩色空间可认为是双圆锥体。圆锥的周长代表色调或颜色，圆锥的半径长度代表颜色的饱和度或颜色的量，圆锥的轴代表颜色的强度或亮度（图 2-8-16）。

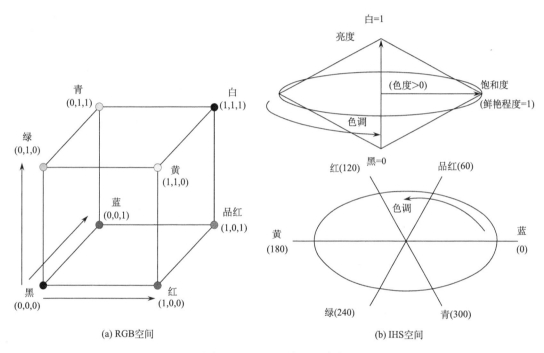

图 2-8-16　RGB 和 IHS 空间

　　色彩逆变换（IHS 到 RGB）与色彩变换对应进行，是将遥感影像从亮度（I）、色调（H）、饱和度（S）作为定量参数的彩色空间转换到 RGB 三种颜色组成的彩色空间，其中要对亮度和饱和度进行最大最小值拉伸，使取值范围充满 0～1。

　　打开"Interpreter"模块的"Spectral Enhancement"，选择"RGB to IHS"，确定输入文件：dmtm.img，给出输出文件名，勾选"Ignore Zero in Stats."，得到 IHS 图像[图 2-8-17(a)]。选择"IHS to RGB"，确定输入文件为生成的 IHS 图像，选择"Stretch I&S"，勾选"Ignore Zero in Stats." [图 2-8-17(b)]，生成彩色图像。彩色变换后的影像比原始影像的灰度得到了拉伸。

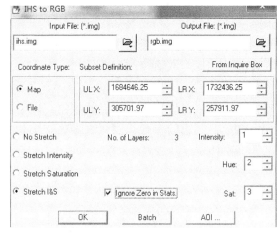

(a) RGB 转换为 IHS 图像　　　　　　　　(b) IHS 到 RGB 变换的参数设置

图 2-8-17　彩色变换参数设置

5）指数计算

指数计算是应用一定的数学方法，将遥感影像中不同波段的灰度值进行各种组合运算，计算反映矿物及植被的常用比率和指数。

打开"Interpreter"模块的"Spectral Enhancement"，选择"Indices"，确定输入文件，选择一个"Function"（函数）如"TNDVI"（转换标准差植被指数），在"Function"处自动列出各种传感器对应波段计算指数的公式，输出数据类型设置为"Float Single"（图 2-8-18）。

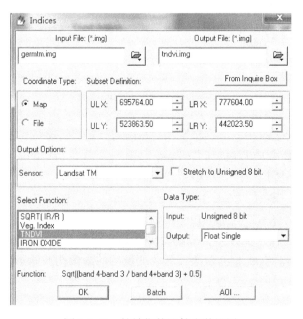

图 2-8-18　植被指数计算参数设置

6）去除坏线

去除坏线是指将原始扫描影像中的缺失扫描线（行或列），用相邻像元灰度值按照一定的计算方法予以替代的过程。

打开"Interpreter"模块的"Utilities"，选择"Replace Bad Lines"，确定输入文件：badlines.img，给出输出文件名，检查有几条坏线以及所在的行数，"Output Options"中，"Replace Bad"选择"Lines"（行），同时在"Enter Bad Lines（Column）Numbers"文本框中输入"156,186,198,210"[图 2-8-19(a)]。方法选择"Average"，坏线的值由坏线上下两行像元的均值代替。勾选"Ignore Zero in Output Stats."，结果对比如图 2-8-19(b)和(c)所示。

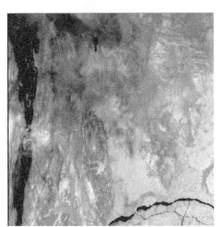

(a) 参数设置

(b) 原始影像　　　　　　　　　　　　(c) 去除坏线后的结果

图 2-8-19　去除坏线的参数设置及效果

4. 傅里叶变换

1）傅里叶变换的原理

遥感影像处理中，常常需要进行遥感影像的傅里叶变换。在空间域中，随着移动窗口的增加，需要的计算量很大。空间域的卷积运算可以通过在频率域空间的简单运算，即快速傅里叶变换（fast Fourier transformation, FFT）来实现。它用于把栅格影像从空间域变换到频率域影像，傅里叶变换前的空间中复杂的卷积运算在傅里叶变换后的频率域中变得简单，算法更简洁，有利于处理速度的提高。此外傅里叶变换还可以与其他变换（如对数变换）结合，完成在空间域中很难实现的影像增强处理。

　　FFT 计算把影像转化为一系列频率的正弦波。编辑傅里叶图像可以减少噪声或消除周期性条带特征，编辑傅里叶图像后，进行傅里叶逆变换返回到空间域，结果是原始影像得到了增强。傅里叶变换的前提是一维函数 $f(x)$ 可用傅里叶序列描述，包括 $\sin x$、$\cos x$ 及相关的系数。

　　对遥感影像进行傅里叶变换后，将得到一个分布形式完全不同于原影像的变换域，即频率域平面。遥感影像的灰度突变部位（如物体的边缘、水陆交界处等）、图像结构复杂的区域、细节及干扰噪声等，经过傅里叶变换后，信息大多集中在频率高的区域（即高频区）；而影像上灰度变化平缓的部位，如大片水体、大片平原、区域概貌等信息，经傅里叶变换后，集中在频率域低的区域。在频率域平面上，低频区位于中心部位，高频区位于边缘部位（图 2-8-20）。

(a) 原始遥感影像　　　　　　　　　　　　(b) 傅里叶变换后的频率域影像

图 2-8-20　空间域影像转换为频率域影像

2）频率域的滤波

　　频率域的滤波用傅里叶变换之积的形式表示：

$$G(\xi,\eta) = F(\xi,\eta) \times H(\xi,\eta)$$

其中，G 为输出影像的傅里叶变换；F 为原始影像的傅里叶变换；H 为滤波函数。对 G 进行逆变换就可以得到滤波后的影像。

　　滤波函数有低通滤波、高通滤滤、带通滤波等。高通滤波仅让高频成分通过，可应用于目标物轮廓等的增强。因为图像的噪声成分多数包含在高频成分中，所以可用于噪声的消除。低通滤波仅让低频成分通过而消除高频成分，带通滤波由于仅保留一定的频率成分，可用于提取、消除一定间隔时间内出现的干涉条纹的噪声。

　　（1）频率域低通滤波。为了削弱边缘、线条、噪声等高频信息而保留较为平滑的图像即低频信息，设计一种传递函数，使其在频率域内起低通滤波器的作用，阻止或抑制高频信息而让低频信息通过。遥感影像平滑处理的低通滤波器有理想滤波器、巴特沃思滤波器、指数滤波器、梯形滤波器等。

　　频率域低通滤波处理的过程是：①对遥感影像进行傅里叶变换，从空间域转换到频率域，即从 RGB 彩色图像转换到各种频率二维正弦波傅里叶图像。②在频率域中用低通滤波器对图像进行滤波处理，抑制图像中的高频成分。③把频率域低通滤波结果进行傅里叶逆变换再返回到空间域中，结果为平滑后的增强图像。

　　（2）频率域高通滤波。利用频率域技术对遥感影像进行高通滤波处理的原理与低通滤波相似，只是高通滤波器和低通滤波器的区别。高通滤波是设计一种滤波函数，使其在频率域中让高频信息通过而阻止低频信息，达到突出图像边缘、线条、纹理、细节信息的目的，加大图像的对比度。遥感影像的高通滤波器有理想滤波器、巴特沃思滤波器、指数滤波器以及梯形滤波器等。

　　3）傅里叶变换实例

　　傅里叶分析主要是消除条带噪声和其他周期性的条带异常。

　　（1）快速傅里叶变换产生 fft 图层。把输入的空间域彩色图像转换成频率域傅里叶图像，即把空间范围的栅格影像转换为各种频率的二维正弦波傅里叶图像。点击"Image Interpreter"模块的"Fourier Analysis..."，打开"Fourier Analysis"窗口，点击"Fourier Transform..."，确定输入图像：tm_1.img，7 个波段全选，生成 tm_1.fft（图 2-8-21）。

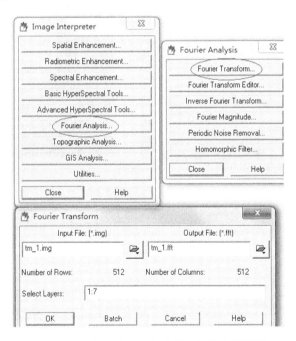

图 2-8-21　傅里叶变换生成频率域图像的设置

　　（2）打开傅里叶图像。点击"Fourier Analysis"面板中的"Fourier Transform Editor..."（傅里叶转换编辑器），出现"Fourier Editor"窗口，打开傅里叶图像：tm_1.fft，以点坐标 (u,v) 显示，影像对称。

　　（3）在频率域中的滤波。在"Fourier Editor"窗口中，点击"Mask"菜单下的"Filters"（滤波），选择"Filter type"（滤波类型）为"Low Pass"（低通），"Window Function"（滤波函数）有五个，如表 2-8-2 所示。选择"Ideal"（理想滤波器），设置"Radius"（半径）为 80，

"Low Frequency Gain"（低频增益）默认为 1，"High Frequency Gain"默认为 0，点击 "OK"，低通滤波削弱图像的高频成分，允许低频成分通过，将半径外的高频成分滤掉（图 2-8-22）。低通滤波后的频率域图像，另存为一个文件：lowpass.fft。

表 2-8-2　傅里叶滤波器的类型和特点

滤波器	作用
理想滤波器	截取频率是绝对的，没有任何过渡，主要缺点是会产生环型条纹，特别是半径较小时
Bartlett 滤波器	采用三角形函数，有一定的过渡
巴特沃思滤波器	采用平滑的曲线方程，过渡性比较好；主要优点是最大限度地减少了环型波纹的影响
高斯（Gaussian）滤波器	采用自然底数幂函数，过渡性好；具有与巴特沃思滤波窗口类似的优点，可以互换应用
Hanning 余弦滤波器	采用条件余弦函数，过渡性好；具有与巴特沃思滤波窗口类似的优点，可以互换应用

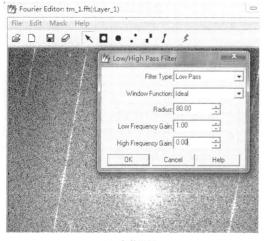
(a) 参数设置

(b) 低通滤波结果

图 2-8-22　频率域的低通滤波参数设置及结果

选择高通滤波函数 "Hanning"，设置半径为 300；高频增益自动为 1，低频增益自动为 0。高通滤波削弱图像的低频组分，而让高频成分通过（图 2-8-23）。高通滤波后的频率域图像，另存为一个文件：highpass.fft。

（4）傅里叶逆变换。点击 "Fourier Analysis" 模块的 "Inverse Fourier Transform"，输入文件为滤波后的傅里叶图像，确定输出文件，输出（Output）数据类型为 "Unsigned 8 bit"，勾选统计忽略 0。

（5）对比傅里叶处理的效果。查看在频率域中进行低通或高通滤波再进行逆变换的结果图像的效果。

4）周期性噪声消除

周期性噪声消除是通过傅里叶变换自动消除遥感影像中如扫描条带等的周期性噪声，针对非传感器原因引起的噪声而进行的处理。输入的遥感影像先被分割成相互重叠的 128×128 像元块，每个像元块分别进行快速傅里叶变换，计算傅里叶图像的对数亮度均值，依据平均光谱能量对整个图像进行傅里叶变换，最后进行傅里叶逆变换。结果是原始影像中的周期性噪声明显减少或去除。

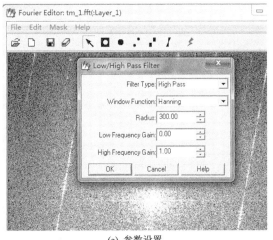

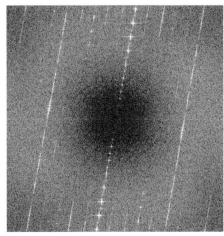

(a) 参数设置　　　　　　　　　　(b) 高通滤波结果

图 2-8-23　频率域的高通滤波参数设置及结果

点击"Interpreter"模块的"Fourier Analysis"，打开其中的"Periodic Noise Removal"（周期性噪声消除），确定输入文件：tm_1.img，设置"Minimum Affected Frequency"（最小影响频率）的值尽可能高，如设置为 10，以获得最好的结果，高值影响着代表影像细节的频率。噪声去除后的效果如图 2-8-24 所示。

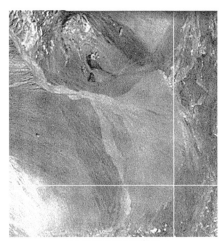

(a) 原始影像　　　　　　　　　　(b) 噪声去除后的影像

图 2-8-24　周期性噪声去除效果

5. 地形分析

1）坡度分析

利用 DEM 栅格数据进行坡度分析时，DEM 图像必须具有投影地理坐标，且必须已知高程数据的单位。如果 DEM 图像中坐标为经纬度（角度），坡度分析将无法进行。

选择 ERDAS 软件"Image Interpreter"模块的"Topographic Analysis…"（地形分析）

（图 2-8-25），点击"Slope…"（坡度），输入 DEM 文件：demmerge_sub.img，单位为"米"（m）；确定输出文件，单位为"度"（Degree）。结果见图 2-8-26(a)。

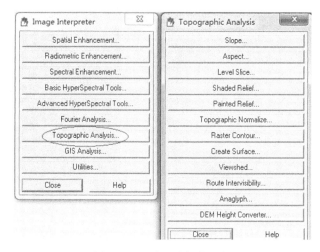

图 2-8-25　地形分析的功能

2）坡向分析

点击"Topographic Analysis…"中的"Aspect…"（坡向），输入 DEM 文件：demmerge_ sub.img，输出数据有两种类型："Continuous"（连续图像）和"Thematic"（专题图像），后者可以做重新编码处理，可改变各个坡向的颜色，结果见图 2-8-26(b)。输出的坡向值范围为 0～361，像元值 361 代表平坦地面。北为 0，顺时针旋转 90°为东，以此类推。在交通规划中避免北坡，尤其是北方气候，北坡暴露在最恶劣的天气中，冰雪时间最长，因此可以把北坡的像元重新编码后进一步处理。

(a) 坡度　　　　　　　　　　　　　　　　　　　　　(b) 坡向

图 2-8-26　DEM 产生的坡度和坡向

3）高程分级

高程分级是按照定义的分级表对 DEM 数据进行分级，每个分级中的数据间隔相等。对于其他栅格数据，这种分级相当于进行专题分类。

点击"Topographic Analysis"中的"Level Slice…"，输入 DEM 文件，在输出选项"Number of Bins"中，输入数据分级数量，如 10，输出数据类型为"Unsigned 8 bit"，勾选统计忽略 0。输出结果图像是专题图，可以编辑其属性，更改各级的颜色，如图 2-8-27 所示。

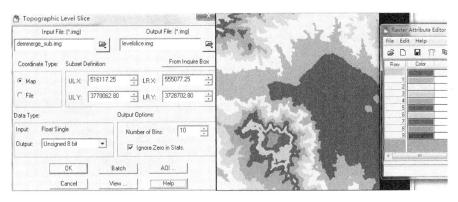

图 2-8-27　高程分级参数设置及结果

4）阴影地形和彩色渲染地形

已知一个区域的地形和太阳位置，很容易生成一个反映光线反射数量的影像。Shaded Relief（阴影地形）利用 DEM 栅格数据，在一定的光照条件（太阳高度角和方位角）下生成阴影地形起伏图像（单色地势图），该功能要求 DEM 必须具有投影坐标和距离单位，也可以叠加遥感影像，产生具有地形阴影的影像图。Painted Relief（彩色渲染地形）与阴影地形类似，区别是彩色的图像，是把高程数据分为不同的级别，赋予特定的颜色，有利于更好地识别坡度和高程的变化。

点击"Topographic Analysis"中的"Painted Relief…"，输入 DEM 文件，设置"DEM Scale"（DEM 垂直比例）为 2，高程放大 2 倍。设置"Solar Azimuth"（太阳方位角）为 225，设置"Solar Elevation"（太阳高度角）为 45，设置"Ambient Light"（环境亮度因子）为 0.5，提高图像的对比度（图 2-8-28）。

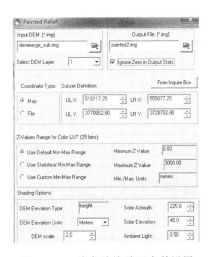

图 2-8-28　彩色渲染地形参数设置

阴影地形和彩色渲染地形对比见图 2-8-29。

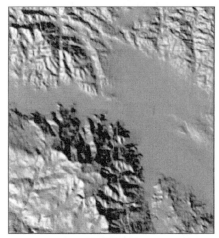
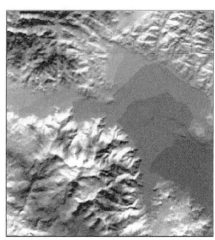

(a) 阴影地形　　　　　　　　　　　　　　　　(b)* 彩色渲染地形

图 2-8-29　阴影地形和彩色渲染地形对比

5）地形校正处理

地形校正处理应用朗伯反射模型来部分消除地形对遥感影像的影响。由于地形坡度、坡向和太阳高度角、方位角的共同影响，遥感影像特征会发生畸变，在有 DEM 数据和已知太阳高度角、方位角的前提下，对遥感影像进行校正处理，可以消除地形的影响。此功能要求 DEM 图像必须具有投影坐标。

点击"Topographic Analysis"中的"Topographic Normalize…"（地形校正），打开"Lambertian Reflection Model"（朗伯反射模型），确定输入遥感影像文件和输入 DEM 文件，可以从头文件获得遥感影像的成像细节信息，根据实际情况设置太阳方位角和高度角，如分别设置为 135 和 45，输出类型为 "Unsigned 8 bit"，勾选统计忽略 0（图 2-8-30）。

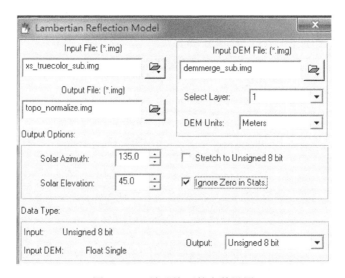

图 2-8-30　地形校正的参数设置

6）栅格等高线

栅格等高线功能是利用 DEM 数据产生栅格等高线。如果输入图像的数字是温度，则可以产生等温线图像。

点击"Topographic Analysis"中的"Raster Contour..."（栅格等高线），输入 DEM 文件，根据高程的实际范围设置合适的"Contour Interval"（等高线间隔），如 100。生成的栅格等高线图像为专题图，可修改各级的颜色（图 2-8-31）。

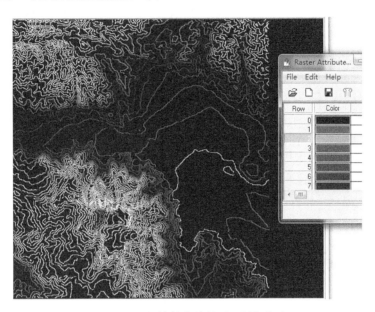

图 2-8-31　栅格等高线结果及颜色修改

实验 2-9　遥感影像的变换

多光谱影像的不同波段可定义为一个 N 维空间，N 为波段数。每个坐标轴代表遥感影像的每一波段。根据每个像元在每个波段的灰度值，定位于 N 维空间内，这样的空间称为光谱特征空间。多光谱遥感影像波段多，信息量很大，但数据量也很大。为了不使信息丢失，常常需要进行多波段运算，耗费大量的时间和磁盘空间。多光谱影像各波段之间存在相关性，为减少各种信息之间的冗余度，达到保留主要信息量、减少数据量的目的，常常需要进行多波段遥感影像的变换。这两种变换为：Karhunen-Loeve 变换，又称为 K-L 变换或主成分分析（principle component analysis, PCA）；Kauth-Thomas 变换，又称为 K-T 变换或穗帽变换。

实验目的： 理解多光谱遥感影像变换的目的，学会对多光谱遥感影像进行主成分变换和穗帽变换。

实验数据： 石家庄区域 Landsat-5 TM 图像。

实验环境： ERDAS 软件。

实验内容：

（1）对 Landsat 多光谱影像进行主成分变换。

（2）对 Landsat 多光谱影像进行穗帽变换。

1. 主成分变换

1）主成分变换的性质

主成分变换是遥感影像处理中常用的一种变换算法，又称为主成分分析或主分量分析，是在统计特征基础上的多维（多波段）正交线性变换，实质上是一种线性变换。表达式为

$$Y = AX$$

其中，Y 为变换后矢量；X 为变换前矢量；A 为变换矩阵。

遥感影像线性变换的特征与效果取决于线性变换所采用的系数矩阵，主成分变换采用的变换矩阵是由多波段图像的协方差阵的特征矢量矩阵所组成的一个系数矩阵。

主成分变换是一种常用的数据压缩方法，多波段影像通过主成分变换后产生一组新的组分图像，组分图像的数目可以等于或少于原来图像的波段数目。对于一个多波段影像，波段之间往往存在很大的相关性，从提取有用信息的角度看，存在大量的数据冗余或数据重复。在遥感影像处理中进行主成分变换的目的有两个：一是把原来多波段中的有用信息尽量集中到数目尽可能少的新组分图像中，以压缩数据量，节省计算机内存，加快图像处理速度；二是新组分之间互不相关，信息内容不重叠，达到去除相关和图像增强的目的。

2）主成分变换的特点

（1）主成分变换前后方差总和不变，是把原来的方差不等量地再分配到主成分图像中。

（2）第一主成分取得方差的绝大部分（一般>80%），几乎包含了原来多个波段信息的绝大部分内容，其他主成分的方差依次减小，包含的信息量也急剧减少。

（3）各主成分之间相关系数接近 0，即各主成分图像所包含的信息内容在很大程度上是

不同的。

（4）第一主成分相当于原来各波段的加权和，而权值与该波段的方差大小成正比，反映了地物总的反射强度。

（5）对第一主成分进行高通滤波，有利于细部特征的增强和分析。第一主成分主要包含植被和地形方面的信息。

（6）TM 图像具有分组特征，第 1、第 2、第 3 波段为一组，第 4 波段为一组，第 5、第 7 波段为一组，第 6 波段为一组。利用主成分图像进行彩色合成处理时，可以先分别对第 1、第 2、第 3 波段和第 5、第 7 波段两个波段组进行主成分变换，然后用第 4 波段和这两个波段组主成分变换后的主成分图像进行彩色合成处理。

3）主成分变换的过程

（1）统计特征分析。对多波段影像数据进行统计特征分析，计算其灰度动态范围、均值、中值、各波段图像的相关系数矩阵、协方差阵。

（2）形成系数矩阵。求出多波段图像的协方差阵的特征值与特征向量，按照特征值的大小排列特征向量，再用特征向量构成主成分变换的系数矩阵。

（3）主成分变换的后处理。根据专题研究目的，选择包含专题信息的主成分图像、主成分图像的增强处理、主成分图像的彩色合成处理或主成分图像与其他处理结果的融合分析。

4）主成分变换实验

（1）主成分变换。在 ERDAS 的视窗中打开 Landsat-5 TM 遥感影像，点击"Image Interpreter"中的"Spectral Enhancement…"（波谱增强），选择"Principle Components…"（主成分），输入文件为 TM 影像，勾选统计忽略 0；输出数据类型选择"Float Single"；"Number of Components Desired"，确定主成分个数为 3（或 6）；在"Eigen Matrix"（特征矩阵）和"Eigenvalues"（特征值）处，勾选"Write to file"，分别保存特征矩阵和特征值文件（图 2-9-1）。

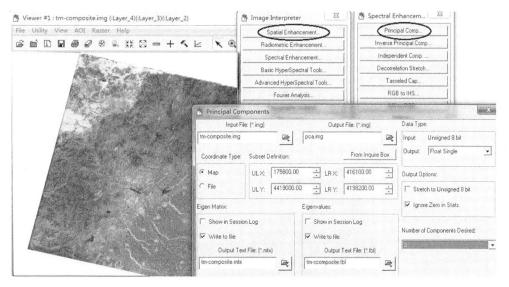

图 2-9-1　主成分变换的参数设置

主成分变换的特征值见表 2-9-1。由表可见，前三个主成分的累积贡献率已达到 99.22%，占总信息量的绝大部分。

表 2-9-1　主成分变换的特征值

主成分	特征值	贡献率/%	累积贡献率/%
第一	772.7306952	70.82	70.82
第二	207.9060188	19.06	89.88
第三	101.8740732	9.34	99.22
第四	5.532535221	0.50	99.72
第五	2.359522044	0.22	99.94
第六	0.652593617	0.06	100

主成分变换的特征矩阵见表 2-9-2。

表 2-9-2　主成分变换的特征矩阵

主成分	b1	b2	b3	b4	b5	b6
第一	0.28858	0.055628	0.725576	−0.50439	0.334032	−0.14554
第二	0.217402	0.064338	0.28041	0.066751	−0.32743	0.870805
第三	0.342983	0.185727	0.343677	0.482075	−0.54228	−0.45087
第四	0.167917	−0.94537	0.132093	0.233861	0.077011	−0.00358
第五	0.702287	−0.07365	−0.49031	−0.44849	−0.23547	−0.06616
第六	0.480019	0.243161	−0.13763	0.502898	0.652508	0.113312

在视窗中打开主成分图像，点击"Raster"→"Band Combinations"，选择第三主成分、第二主成分、第一主成分的彩色合成，如图 2-9-2 所示。第一主成分的信息量最大，越往后，信息量越小。

图 2-9-2[*]　主成分变换后前三个主成分彩色合成图像

（2）主成分逆变换。主成分逆变换是将主成分变换的图像重新恢复到 RGB 彩色空间，应用时，输入图像必须是由主成分变换得到的图像，而且必须有当时的特征矩阵参与变换。

点击"Image Interpreter"中的"Spectral Enhancement..."，选择"Inverse Principle Components..."（主成分逆变换），输入 Landsat TM 主成分变换后的图像文件，选择主成分变换得到的特征矩阵文件，输出选择"Stretch to Unsigned 8 bit""Ignore Zero in Stats."（图 2-9-3）。

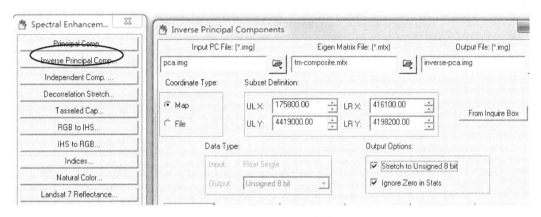

图 2-9-3　主成分逆变换

比较主成分逆变换后的图像与原始图像，查看各个波段的 DN 值的范围及其他统计数据的变化。

2. 穗帽变换

1）遥感影像的数据结构特征

1976 年，Kauth 和 Thomas 在分析美国陆地卫星 Landsat MSS 影像反映农作物或植被生长过程的遥感数据的统计研究后，有以下发现。

（1）把各种土壤和植被地物按它们在卫星影像四个波段（4、5、6、7）中的亮度值（x_4，x_5，x_6，x_7）投影到光谱特征空间中时，总是落在一个形似"穗帽"的集群范围内（图 2-9-4）。

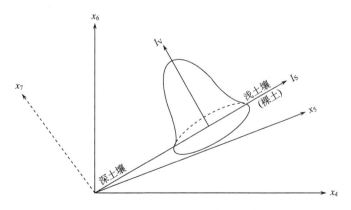

图 2-9-4　Landsat MSS 影像数据特征

（2）各种土壤地物特征点的分布主要集中在"帽"底，并且随着土壤反射亮度的不同而沿着一条通向特征空间原点的轴射线分布，这条线称作"土壤线"（I_S）。

（3）各种植被地物特征点的分布相对集中在"帽"空间中。当植被的生长阶段（如幼苗期、发展期、成熟期和枯黄期等）变化时，特征点的分布是沿着垂直于"土壤线"方向变化的，该分布轴称为"绿色植被轴"（I_V），植被越绿（覆盖度越大）越接近"帽"顶，越黄越接近"帽"底。当植被由绿色开始成熟并发展为枯黄时，其特征点的变化是从"帽"顶沿着一些称为"穗帽"的轨迹向"帽"底下降，由此得名"穗帽变换"。

2）Landsat MSS 影像的穗帽变换

穗帽变换是一种正交线性变换，表达式为

$$Y = RX + r$$

其中，Y 为穗帽变换结果组成的列向量；X 为由 MSS 四个波段数据组成的列向量；R 为穗帽变换的系数矩阵；r 为偏移值向量，主要是避免 Y 出现负值。

MSS 数据的穗帽变换系数见表 2-9-3。变换后第一组分图像是 MSS 四个波段的加权和，反映了地物总的电磁波辐射水平，称为"亮度"；第二组分图像是第 6 与第 7 波段的加权和减去第 4 与第 5 波段的加权和，反映了植被的生长情况，称为"绿度"；第三组分图像是第 5 与第 7 波段的加权和减去第 4 与第 6 波段的加权和，称为"黄色物"，反映枯萎程度。

表 2-9-3　Landsat MSS 数据的穗帽变换系数

特征	b4	b5	b6	b7
亮度	0.433	0.632	0.586	0.624
绿度	−0.290	−0.562	0.600	0.491
黄色物	−0.829	0.522	−0.039	0.194
第四组分	0.223	0.012	−0.543	0.810

3）Landsat TM 影像的穗帽变换

Landsat-4 TM 影像 6 个波段的穗帽变换系数见表 2-9-4，TM 影像经过穗帽变换处理后前三个组分图像所代表的特征意义分别是亮度、绿度和湿度，三个特征具有较明显的差别。

表 2-9-4　Landsat-4 TM 数据的穗帽变换系数

特征	b1	b2	b3	b4	b5	b7
亮度	0.3037	0.2793	0.4743	0.5585	0.5082	0.1863
绿度	−0.2848	−0.2435	−0.5436	0.7243	0.084	−0.1800
湿度	0.1509	0.1973	0.3279	0.3406	−0.7112	−0.4572
第四组分	0.8832	−0.0819	−0.458	−0.0032	−0.0563	0.013
第五组分	0.0573	−0.026	0.0335	−0.1943	0.4766	−0.8545
第六组分	0.1238	−0.9038	0.4041	0.0573	−0.0261	0.024

（1）亮度是 TM 影像 6 个波段数据的加权和，代表总辐射的差异。

（2）绿度反映了可见光波段与近红外波段之间的差异，反映了绿色生物量的特征。

（3）湿度反映了第 1、第 2、第 3、第 4 波段与第 5、第 7 波段之间的对比，主要是可见光、近红外（第 1～4 波段）与较长的红外（第 5、第 7 波段）的差值。定义为湿度的依据是第 5、第 7 这两个波段对土壤湿度与植被湿度最为敏感。

穗帽变换的目的是针对植被图像特征，在植被研究中将原始图像数据结构轴进行线性计算和数据空间旋转，优化图像数据显示效果。植被信息也可以通过三个数据轴（亮度轴、绿度轴、湿度轴）来确定。

Landsat-5 TM 影像的 6 个波段的穗帽变换系数见表 2-9-5。Landsat-7 ETM+影像的 6 个波段的穗帽变换系数见表 2-9-6。

表 2-9-5　Landsat-5 TM 影像的穗帽变换系数

特征	b1	b2	b3	b4	b5	b7	常数项
亮度	0.2909	0.2493	0.4806	0.5568	0.4438	0.1706	10.3695
绿度	−0.2728	−0.2174	−0.5508	0.7221	0.0733	−0.1648	−0.731
湿度	0.1446	0.1761	0.3322	0.3396	−0.621	−0.4186	−3.3828
第四组分	0.8461	−0.0731	−0.464	−0.0032	−0.0492	0.0119	0.7879
第五组分	0.0549	−0.0232	0.0339	−0.1937	0.4162	−0.7823	−2.475
第六组分	0.1186	−0.8069	0.4094	0.0571	−0.0228	−0.022	−0.0336

表 2-9-6　Landsat-7 ETM+影像的穗帽变换系数

特征	b1	b2	b3	b4	b5	b7
亮度	0.3561	0.3972	0.3904	0.6966	0.2286	0.1596
绿度	−0.3344	−0.3544	−0.4556	0.6966	−0.0242	−0.263
湿度	0.2626	0.2141	0.0926	0.0656	−0.7629	−0.5388
第四组分	0.0805	−0.0498	0.195	−0.1327	0.5752	−0.7775
第五组分	−0.7252	−0.0202	0.6683	0.0631	−0.1494	−0.0274
第六组分	0.4	−0.8172	0.3832	0.0602	−0.1095	0.0985

4）遥感影像穗帽变换实验

点击 "Image Interpreter" 中的 "Spectral Enhancement..."，选择 "Tasseled Cap..."，在窗口中，输入 Landsat-5 TM 图像文件，选择相应传感器（Sensor）：Landsat-4/5 TM-6 Bands 或 Landsat-7 Muiltispectral，点击 "TC Coefficients"，可看到系统缺省的对应传感器的穗帽变换系数矩阵。输出选择 "Stretch to Unsigned 8 bit" "Ignore Zero in Stats."（图 2-9-5）。

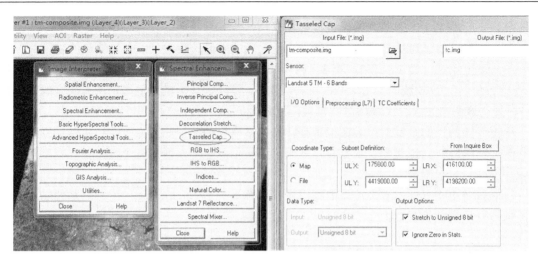

图 2-9-5　穗帽变换的过程

实验 2-10 地物波谱曲线的绘制

地物的反射、吸收、发射电磁波的特征随波长而变化，因此以波谱曲线的形式表示。地物波谱特征是研究遥感成像机理、选择遥感仪器研制的最佳探测波段以及遥感影像分析、数字影像处理中最佳波段组合选择、专题信息提取、提高遥感精度等的重要依据，同时也是遥感应用分析的基础。

多光谱或宽波段遥感（如 TM、SPOT 等）的波段数量有限、波段间隔较宽，难以真实地反映地物反射特性的细微差异，而高光谱遥感的传感器成像波谱仪能获得可见光、近红外、短波红外、热红外波段的多而窄的连续的波谱，波段间隔在纳米级内，一般为 10nm 以下。它具有图谱合一的特点，在获得数十、数百个光谱波段图像的同时，可以显示遥感图像中每个像元的连续光谱，较客观地反映地物光谱特征以及微弱变化，可以进行光谱波形形态分析，并与实验室、野外及光谱数据库的光谱匹配，从而检测出具有诊断意义的地物光谱特征，使利用光谱信息直接识别地物成为可能。

地物波谱研究主要集中在系统地对不同地物进行波谱测试，并建立相应的波谱特性数据库、地物波谱信息系统。如 20 世纪 70 年代初美国 NASA 建立了地球资源波谱信息系统（the NASA Earth Resources Spectral Information System, ERSIS）；1980 年美国建立了土壤反射特征数据库；1981 年美国喷气推进实验室（Jet Propulsion Laboratory, JPL）建立了关系型的野外地质波谱数据库。我国也建立了地物波谱数据库，包括土壤、植被、岩矿、水体、人工目标，并加入激光反射及激光荧光光谱信息。同时建立了 13 个不同自然景观单元、不同类型及应用目的的遥感试验场，构成了我国航天、航空遥感的地面支持系统。地物波谱除可以通过各种光谱测量仪器实验室、野外地面进行测量外，还可以进行航空和航天测量，建立航天、航空、地面资料三者间的定量关系，以提高卫星遥感图像的解译精度。

实验目的：理解地物波谱曲线的含义，以及多光谱图像上和高光谱图像上的地物波谱曲线的区别，学会在遥感图像上提取不同地物的波谱曲线。

实验数据：ERDAS 的 Landsat 数据和高光谱数据，ENVI 中的高光谱数据、石家庄地区的 Landsat-8 数据。

实验环境：ERDAS 软件和 ENVI 软件。

实验内容：

（1）利用 ERDAS 软件在多光谱和高光谱图像上提取地物的波谱曲线。

（2）利用 ENVI 软件在多光谱和高光谱图像上提取地物的波谱曲线。

1. 利用 ERDAS 软件在多光谱图像上提取波谱曲线

在 ERDAS 软件中，打开 Landsat TM 图像 germtm.img，点击"Raster"菜单下的"Profile Tools"，打开"Select Profile Tool"，选择"Spectral"，点击"OK"，打开"Spectral Profile"窗口（图 2-10-1）。

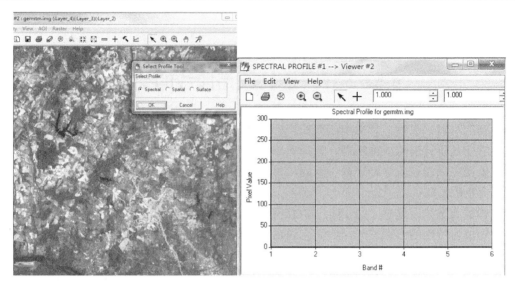

图 2-10-1　绘制波谱曲线工具

　　点击"Spectral Profile"窗口的"+"符号，在遥感图像上代表不同地物的像元上点击，收集各种地物的反射波谱，波谱收集完后，点击"Edit"菜单下的"Chart Options"，可以设置图的背景颜色、Title（标题）、X 轴和 Y 轴上的标注（图 2-10-2）。点击"Edit"菜单下的"Chart Legend…"，可以编辑表的图例，包括更改地物的 Color（颜色）、设置 Name（名称），以及设计 Line Style（线型），0～5 的数字分别代表不同的线型。

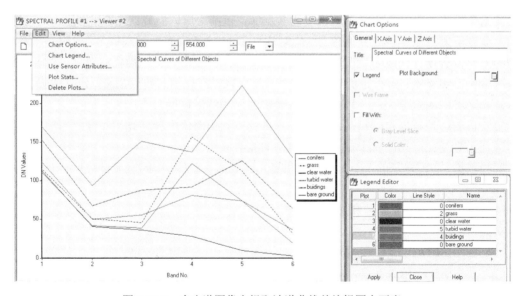

图 2-10-2　多光谱图像上提取波谱曲线并编辑图中要素

2. 利用 ERDAS 软件在高光谱图像上提取波谱曲线

　　在 ERDAS 软件中，打开高光谱图像 hyperspectral.img，点击"Raster"菜单下的"Profile Tools…"，打开"Select Profile Tool"，选择"Spectral"（图 2-10-3），打开"Spectral Profile"窗口。

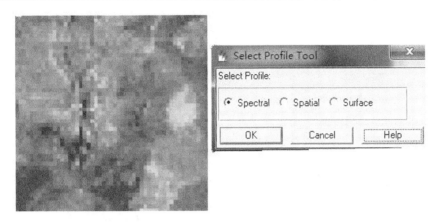

图 2-10-3　高光谱图像上提取波谱曲线

　　点击"Spectral Profile"窗口的"+"符号,在遥感图像上代表不同地物的像元上点击,收集各种地物的反射波谱,结果如图 2-10-4 所示。点击"View"菜单条的"Tabular Data",可以看到各条波谱曲线在所有波段上的波谱数值。这些数值可以应用于其他绘图软件,进行波谱曲线的绘制。

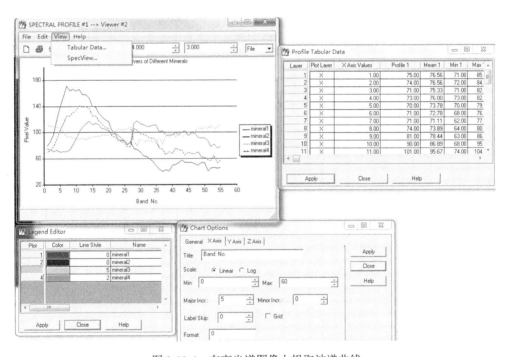

图 2-10-4　在高光谱图像上提取波谱曲线

3. 利用 ENVI 软件在多光谱图像上提取波谱曲线

　　(1) 在 ENVI 中,打开 Landsat-8 OLI 遥感数据,图像显示在窗口中。

　　(2) 提取图像上某个像元的波谱。在主菜单中,选择"Display"→"Profiles"→"Spectral",在"Spectral Profile"对话框中,显示当前鼠标所处像元的波谱曲线。移动鼠标选中要收集波谱的像元,该像元处地物的波谱曲线显示出来(图 2-10-5)。

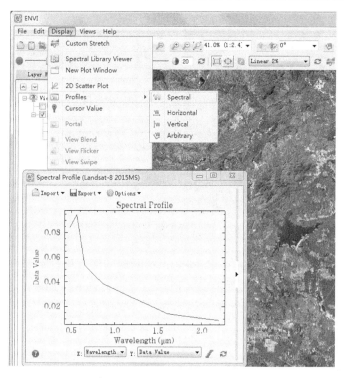

图 2-10-5* 　像元处所代表地物的波谱曲线显示

（3）波谱曲线收集。可以将不同窗口中的波谱曲线移动到同一个窗口中显示。在"Spectral Profile"对话框中，点击"Options"→"New Window with Plots"，会打开一个新的窗口，分别显示需要收集的波谱（图 2-10-6）。

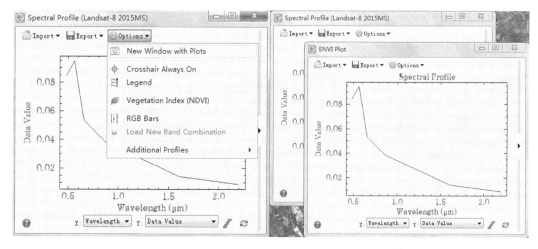

图 2-10-6 　打开新窗口收集波谱曲线

在其中一个窗口中点击右侧三角形符号，打开右侧面板。在右侧的波谱列表中，选择一个波谱曲线，按住鼠标左键将其拖动到另一个窗口的波谱列表中，就可看到拖动过来的波谱曲线（图 2-10-7）。

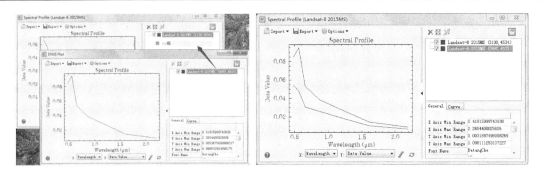

图 2-10-7　拖动波谱曲线在同一个窗口中显示

（4）图例添加与参数编辑。在"Spectral Profile"窗口中，点击"Options"→"Legend"，图例显示在窗口中（图 2-10-8）。

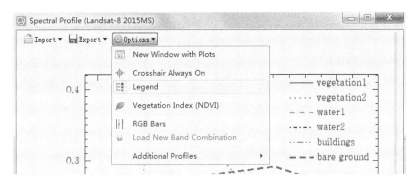

图 2-10-8　波谱曲线添加图例

在右侧的选项卡中设置以下参数（图 2-10-9）。

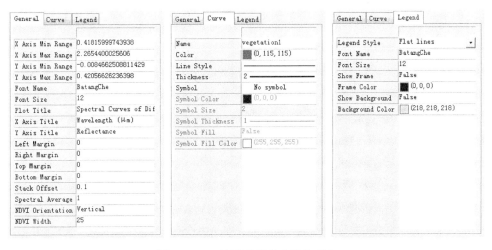

图 2-10-9　波谱曲线各参数选项卡

General 选项卡：在"Plot Title"中设置波谱曲线窗口的标题，如果要设置中文字符，在"Font Name"中选择中文字体。还可设置 X、Y 轴显示范围及标题。

Curve 选项卡：设置与波谱曲线有关的要素。"Name"和"Color"分别修改波谱曲线的名称和颜色；"Line Style"设置波谱曲线的线型样式；"Thickness"设置波谱曲线宽度；"Symbol"设置符号化的波谱曲线。

Legend 选项卡：设置与图例有关的要素。"Legend Style"设置图例类型；"Font Name"设置字体；"Font Size"设置字号；"Show Frame"设置是否显示图例的边框；"Frame Color"设置图例的边框颜色；"Show Background"设置是否显示图例背景；"Background Color"设置图例的背景颜色。

（5）结果显示。多光谱影像上提取的波谱曲线如图 2-10-10 所示。

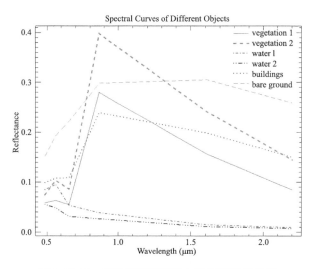

图 2-10-10　多光谱遥感影像上地物的波谱曲线

4. 利用 ENVI 软件在高光谱图像上提取波谱曲线

打开高光谱图像，在图像的像元位置处分别提取矿物的波谱曲线，并编辑各要素，成图显示如图 2-10-11 所示。

图 2-10-11　高光谱遥感图像上提取的地物波谱曲线

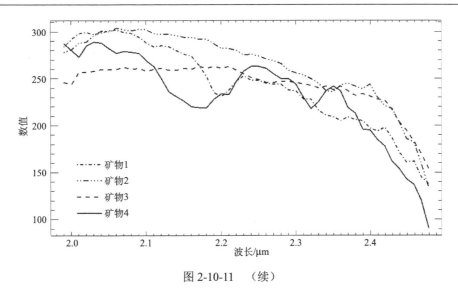

图 2-10-11　　（续）

在"Spectral Profile"窗口中，点击"Export"，可将收集的波谱数据输出为 ASCII 格式、Image 格式等（图 2-10-12）。

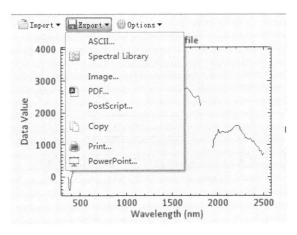

图 2-10-12　波谱数据输出

5. 波谱库

ERDAS 软件中，在"Spectral Profile"窗口，点击"View"菜单的"Spec View"选项，可看到美国 USGS 和 JPL 的波谱库，包含很多种地物的波谱，点击左侧的地物，右侧出现相应的波谱，同时可以编辑波谱曲线，如图 2-10-13 所示。

ENVI 软件主菜单条中，点击"Display"→"Spectral Library Viewer"，出现四个波谱库，包括矿物、岩石、植被、土壤、水、干叶等几千种地物的波谱。波谱库文件以".sli"为后缀，点击文件可收集所需地物的波谱曲线，同时可以进行修改（图 2-10-14）。

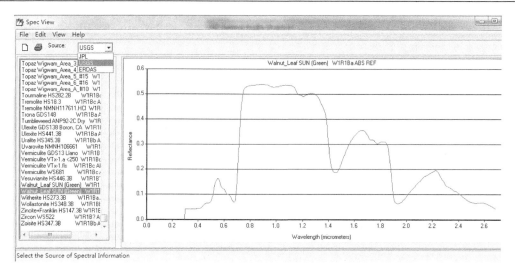

图 2-10-13　ERDAS 波谱库中地物的波谱曲线

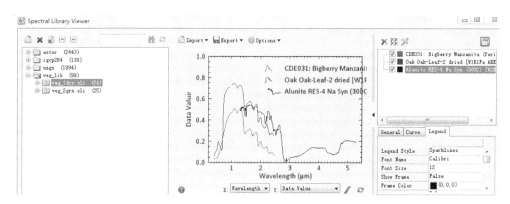

图 2-10-14　ENVI 波谱库中地物的波谱曲线

实验 2-11 遥感影像的监督分类

遥感影像分类是基于数据文件值把像元分选为许多单个数据类的过程。影像分类的过程就是模式识别过程。如果像元满足某一标准，则将像元赋予对应此标准的那一类。监督分类是从遥感影像中已知类别的具代表性的训练区中采样，提取训练数据，使计算机在训练区影像上训练，取得统计特征参数，如平均值、方差、协方差等，并以这些统计特征参数作为识别分类的统计度量，计算机利用这些训练区的统计标准，按照选定的判别规则将像元进行波谱或纹理特征的测定，然后把影像中各个像元归化到给定类中的分类处理。在监督分类中，必须事先提取出代表总体特征的训练数据及事先知道研究区中有哪几种类别。物体光谱特性需要通过实地调查获得。

实验目的：帮助学生深入理解在 ERDAS 和 ENVI 中进行监督分类的方法，体会和掌握如何选择训练样本，以及利用选择的训练样本进行遥感影像监督分类的过程。

实验数据：ERDAS 软件 examples 下的 Landsat TM 遥感影像、石家庄地区 Landsat-8 遥感影像。

实验环境：ERDAS 软件 Classifier 模块中的 Supervised Classification，ENVI 软件 Toolbox 中的 Supervised Classification。

实验内容：

（1）选择训练样本的方法并对训练样本进行评价。

（2）在 ERDAS 中对 Landsat 多光谱遥感影像进行监督分类。

（3）在 ENVI 中对 Landsat 多光谱遥感影像进行监督分类。

1. 监督分类的原理及决策规则

监督分类的思想是：首先根据类别的先验知识确定判别函数和相应的判别准则，其中利用一定数量的已知类别的训练样本观测值确定判别函数中待定参数的过程称为学习或训练，然后将未知类别的样本的观测值代入判别函数，依据判别准则对该样本的类别做出判定。

监督分类中，选择代表可识别模式的像元，开始选择训练样本之前，需要先确定数据的知识、要分的类及所用算法。通过识别影像中的模式，可"训练"计算机来识别具有类似特征的像元。通过设置类型的优先，当像元被赋予某一类型值时，可对像元进行监督分类。如果分类精确，则每一个产生的类对应最初被识别的模式。监督分类的特点是需要训练样本（给定类别）。

监督分类的决策规则有参数型和非参数型。参数型决策规则一般假设一个特定类别的统计分布为正态分布，然后估计这个分布的参量，以用于分类算法中。参数型决策规则有最大似然法、最小距离法、决策树分类法等。非参数型决策规则对类的分布不做假设，非参数型决策规则有特征空间和平行六面体法等。

（1）最大似然法：求出像元数据对于各类别的概率，把像元分到概率最大的类别中去。

（2）最小距离法：用特征空间中的距离表示像元数据和分类类别特征的相似程度，把像元数据归并到距离最小（相似度最大）的类别中去。

（3）决策树分类法：以各像元的特征值（如波谱值、NDVI、主成分等）作为设定的基准值，分层逐次进行比较的分类方法。比较中采用的特征的种类及基准值是按地面实况数据及与类别有关的知识做出的。

（4）平行六面体法：根据设定在各轴上的值域（上下限）分割三维特征空间的分类算法。通过分割得到的长方体对应于各类别，适用于高精度分类。

（5）特征空间：多光谱影像的不同波段可定义为一个相互正交的 N 维空间（N 为波段数），即特征空间，或光谱特征空间。每个坐标轴代表遥感影像每一波段的灰度值，波谱特征相似的所有像元在特征空间中的对应点构成一个集群，即在特征空间内，不同的地物类型对应不同的集群，能有效地说明遥感图像分类。

2. 利用 ERDAS 软件对遥感影像进行监督分类

1）定义分类模板

监督分类的第一步，也是最重要的一步，就是选择训练样本（训练区），即 Signature。

训练样本选择的依据有：①训练样本要具有典型性和代表性；②每个训练样本要保证一定的像元数量；③选取训练区使用的参考图件与要分类的图像在时间上要保持一致或相近；④训练区可以通过实地调查获得，或参考研究区其他相关图件、辅助遥感资料等信息；⑤为了有效分类，可以对某一种地物类别选多个训练区。

在 ERDAS 软件中，采用 Signature 编辑器定义和收集 Signature。Signature 编辑器可以创建、管理、评价、编辑和分类 Signature。Signature 类型有参数型（统计的）和非参数型（特征空间）。

a. 用 AOI 工具收集 Signature。

（1）文件显示。在视窗中打开 germtm.img 文件，选择波段 4、5、3 彩色合成。

（2）打开 Signature 编辑器。点击 ERDAS 图标面板的"Classifier"图标，点击"Signature Editor…"，打开收集训练样本的"Signature Editor"界面（图 2-11-1）。

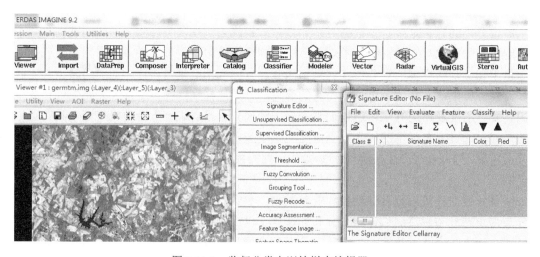

图 2-11-1　监督分类中训练样本编辑器

（3）利用 AOI 多边形工具收集样本。在打开遥感影像的视窗中，用 AOI 多边形工具（对城市较适用），在不同颜色的区域选择 Signature，如浅绿色、浅蓝色代表不同的农业区，在

"Signature Editor"面板中，点击"Edit"→"Add"，添加两个训练样本，定义名称和颜色（图 2-11-2）。保存训练样本文件（.sig），以备修改用。

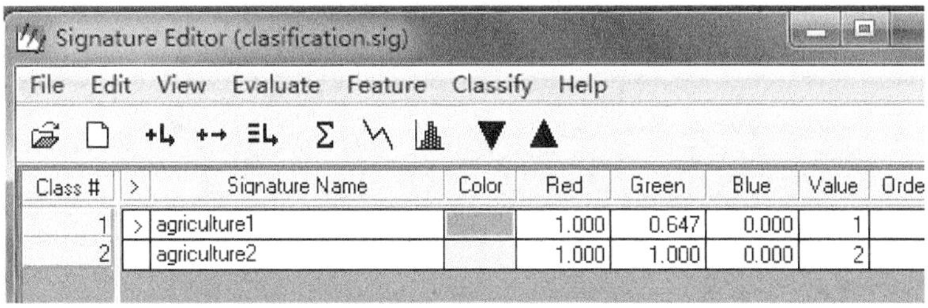

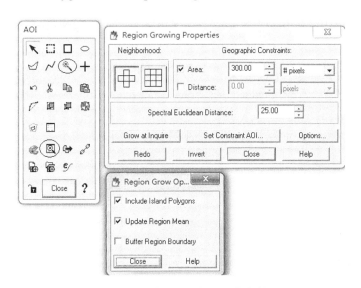

图 2-11-2　训练样本收集

（4）种子增长工具收集样本。在 AOI 工具中，点击图标"Region Grow Properties"，打开 "Region Growing Properties"窗口，在"Geographic Constraints"中设置"Area"（面积）为 300，即设定训练样本的面积为 300 个像元大小；设置"Spectral Euclidean Distance"（波谱欧氏距离）为 25，即设定训练样本中的像元与种子像元的波谱距离小于等于 25。在"Options..." 中勾选"Include Island Polygons"和"Update Region Mean"（图 2-11-3）。

图 2-11-3　AOI 中区域增长工具的参数设置

用 AOI 工具中的"区域增长 AOI"，即"种子扩展工具"，在代表针叶林的暗红色区域上点击，生成针叶林的训练区，在 Signature 编辑器中添加训练样本，定义名称和颜色。

（5）把"Inquire Cursor"（查询光标）放在代表阔叶林的鲜红色位置上，点击"Region Growing Properties"窗口的"Grow at Inquire"，生成阔叶林的训练区，在 Signature 编辑器中添加训练样本，定义名称和颜色。

b. 用 AOI 工具和特征空间工具从特征空间影像收集 Signature。特征空间工具能在特征空间影像中交互定义有效区。特征空间 Signature 基于特征空间影像中的 AOI，此处用此工具提取水的 Signature。

（1）产生特征空间图像。在"Signature Editor"中选择"Feature"→"Create"→"Feature Space Layers…"，打开"Create Feature Space Images"窗口，在"Input Raster Layer"处选择遥感影像，以及波段2和波段5形成的特征空间层（图2-11-4），因为水体在此波段组合中光谱更突出。勾选"Output To Viewer"，使特征空间图像在一个视窗中显示出来。

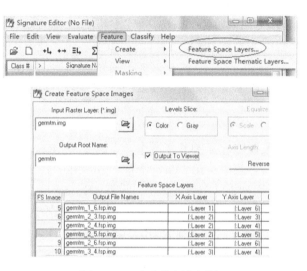

图 2-11-4　产生特征空间层

（2）原始影像与特征空间图层的链接。显示遥感影像中的像元位于特征空间层中的位置，在"Signature Editor"中，选择"Feature"→"View"→"Linked Cursors…"，出现"Linked Cursors"窗口，在"Select Feature Space Viewers"处输入特征空间视窗的编号，"Cursor"的颜色也可以重新设置（图 2-11-5）。点击"Link"，在要链接的遥感图像中点击，原始遥感影像就与特征空间层建立了链接。

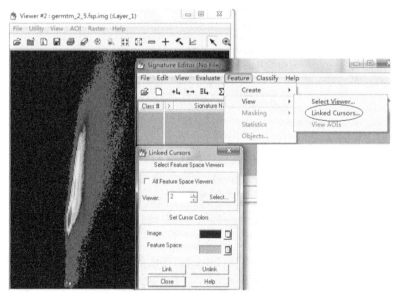

图 2-11-5　原始影像与特征空间图层的链接设置

（3）在特征空间图层中定义 Signature。两个图像链接后，在遥感图像中，移动光标到水体上，会自动链接到特征空间图层中的相应位置。在特征空间图层中，用 AOI 工具画一个识别水体的多边形（图 2-11-6），添加到 Signature Editor 中。

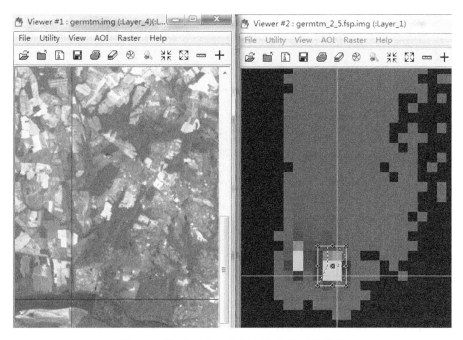

图 2-11-6* 从特征空间图层中收集训练样本

特征空间 Signature 是非参数型的，没有统计信息，"Signature Editor"中的"Count"处为空，点击"Feature"→"Statistics"，产生特征空间 AOI 的统计，此时，特征空间 AOI 具有统计特性，"Count"处显示水体训练样本的像元个数。同时，"FS"一列显示波段组合"2，5"，修改训练样本的颜色为蓝色、名称为水（图 2-11-7）。

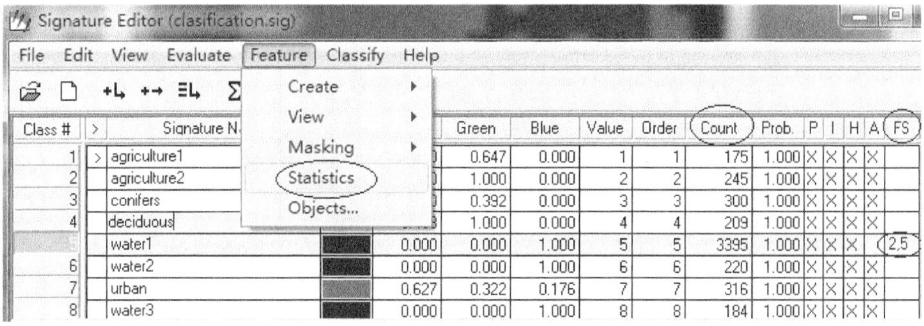

图 2-11-7　特征空间中训练样本的统计

2）训练样本的评价

在 Signature Editor 中收集全（5 个以上）训练样本后，要进行训练样本的评价。

（1）像元数量。训练样本包含的像元数量至少为 100，数值也不能太大（如大于 1000），特征空间样本除外。在"Signature Editor"中，"Count"列显示训练样本包含的像元数量。

（2）平均值。在"Signature Editor"中，点击"View"→"Mean Plots…"，根据训练区在各个波段的平均值画出波谱曲线，以此检验训练区所代表的地物的波谱特征是否正确（图2-11-8），图中显示水体的波谱特征是随着波长的增加，反射率下降，而森林的反射率在第4（近红外）波段比较高。

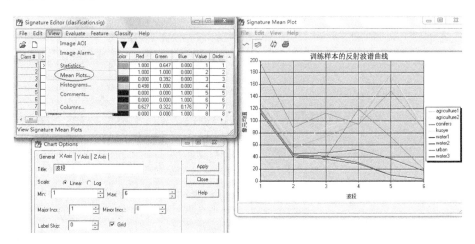

图 2-11-8　训练样本的反射波谱曲线

（3）统计。在"Signature Editor"中，点击"View"→"Statistics…"，依次观察每个训练样本的统计特征，如标准差（Std Dev.）和协方差（Covariance），越小越好（图2-11-9）。

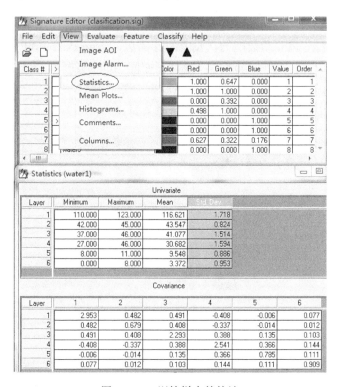

图 2-11-9　训练样本的统计

（4）直方图。在"Signature Editor"中，点击"View"→"Histograms..."，检验每个训练样本的直方图，要保证至少某些波段（或某种程度）呈正态分布（图 2-11-10）。

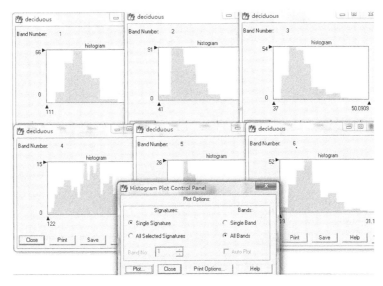

图 2-11-10 训练样本的直方图分布

（5）Alarms（分类报警）。在"Signature Editor"中，选中某一行训练样本，点击"View"→"Image Alarm..."，在视窗中显示根据平行六面体决策规则判断得到此像元属于哪一类的像元，是用训练样本求得的预分类结果的显示。

（6）Signature Separability（分离性）。在"Signature Editor"中，点击"Evaluate"→"Separability..."，计算多波段遥感数据中训练样本间的统计距离及区别的明显程度，欧氏距离越大越好。在"Layers Per Combinations"中输入"3"，用于确定分类中最好的层组合。

（7）误差矩阵。在"Signature Editor"中，点击"Evaluate"→"Contingency..."，打开"Contingency Matrix"（误差矩阵）窗口（图 2-11-11），"Non-parametric Rule"（非参数型规则）选择"Feature Space"（特征空间）；"Parametric Rule"（参数型规则）选择三个中的任意一个。生成误差矩阵（图 2-11-12），显示训练样本的纯度。结果显示，300 个针叶林的像元，有 294 个分为针叶林，而有 6 个像元分为落叶林，说明针叶林和落叶林在某种程度上存在波谱相似。

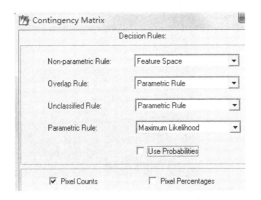

图 2-11-11 Contingency Matrix 窗口

```
ERROR MATRIX
-----------

                              Reference Data
                              --------------
Classified
    Data       agricultur      agricultur        conifers        deciduous
----------
agricultur        175               0               0               0
agricultur          0             244               0               0
  conifers          0               0             294               1
 deciduous          0               0               6             208
    water1          0               0               0               0
    water2          0               0               0               0
     urban          0               0               0               0
    water3          0               1               0               0

Column Total      175             245             300             209

                              Reference Data
                              --------------
Classified
    Data         water2            urban          water3        Row Total
----------
agricultur          0               0               0             175
agricultur          0               0               0             244
  conifers          0               0               0             295
 deciduous          0               0               0             214
    water1          1               0               5               6
    water2        219               0               0             219
     urban          0             316               0             316
    water3          0               0             179             180

Column Total      220             316             184            1649


----- End of Error Matrix -----
```

图 2-11-12　训练样本的误差矩阵

（8）特征空间中训练样本的集合。首先生成一个由波段 3 和波段 4 组成的特征空间层。在"Signature Editor"中，选中所有训练样本，点击"Feature"→"Objects..."，出现"Signature Objects"窗口，选中"Plot Ellipses"（或"Plot Rectangles"）和"Plot Means"，图形显示为在特征空间层上的每个训练样本的椭圆集合（或矩形集合），每个椭圆基于每个样本的平均值和标准差。选中"Label"，显示出每个样本的名称标注（图 2-11-13）。在特征空间中，观察训练样本的图形是否有重叠，理论上各个样本在特征空间中不应有重叠，但如果是同一类，如针叶林和落叶林，或各个水体，可能会有一定的重叠。

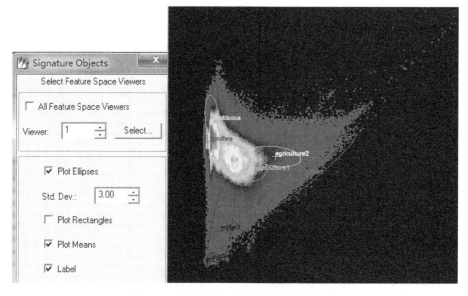

图 2-11-13　特征空间中的训练样本集合

评价训练样本后，如果有问题，需要修改完善训练样本，可以删除某一训练样本，或增加某一类样本，最后保存为样本文件，然后进行监督分类。

3）进行监督分类

在"Signatuer Editor"中，选中全部训练样本，点击"Classify"→"Supervised"，"Non-parametric Rule"（非参数型规则）选择"Feature Space"（特征空间）；"Parametric Rule"（参数型规则）选择"Maximum Likelihood"（最大似然）、"Mahalanobis Distance"（马氏距离）和"Minimum Distance"（最小距离）中的一个。最后生成专题栅格图像（图 2-11-14）和距离文件，距离文件用于分类后的阈值。

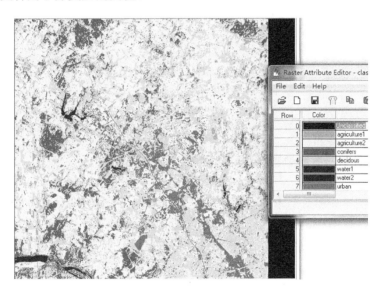

图 2-11-14　监督分类结果

4）精度评价

比较专题栅格层的像元与类型已知的参考像元。打开"Classifier"模块，点击"Accuracy Assessment"，打开"Accuracy Assessment"窗口，点击"File"→"Open"，打开监督分类结果图像，点击"View"→"Select Viewer"，在已经打开的原始图像 Germtm.img 上点击一下，点击"View"→"Change Colors"，设置"参考点"（Points with Reference）为黄色。

产生随机点。点击 Edit 菜单下的"Create"→"Add random points"，设置"Number of Points"为 10，默认设置"Search Count"为 1024，即在分类好的图像上随机布置像元点是 10 个，搜索数量为 1024 个像元。点击 View 菜单下的"Show All"，显示白色。

视窗中，分析和评价参考点的位置以确定其类型值。在"Accuracy Assessment"中的"Reference"列，输入每个参考点所在像元的类型相关的猜测值，当输入一值时，变为黄色。点击"Edit"→"Show Class Value"，显示出随机的 10 个像元所代表的类型值。点击"Report"→"Accuracy Report"，显示监督分类精度（图 2-11-15）。如果不满足分类精度，可进一步分析训练样本和类别数目。

5）分类后处理

用"Clump""Sieve""Eliminate""Recode"去除分类后图像中的细碎图形。

```
ACCURACY TOTALS

          Class   Reference   Classified   Number   Producers   User
          Name    Totals      Totals       Correct  Accuracy    Accura.
          ------  ---------   ----------   -------  ---------   --------
     Unclassified    0            0            0       ----        ----
     agriculture1    2            1            1      50.00%     100.00%
     agriculture2    4            5            4     100.00%      80.00%
        conifers     2            2            2     100.00%     100.00%
          kuoye      1            1            1     100.00%     100.00%
         water1      0            0            0       ----        ----
         water2      0            0            0       ----        ----
          urban      1            1            1     100.00%     100.00%

          Totals    10           10            9

Overall Classification Accuracy = 90.00%

          ----- End of Accuracy Totals -----


KAPPA (K^) STATISTICS
---------------------

Overall Kappa Statistics = 0.8611

Conditional Kappa for each Category.

       Class Name        Kappa
       ----------        --------
     Unclassified        0.0000
     agriculture1        1.0000
     agriculture2        0.6667
        conifers         1.0000
          kuoye          1.0000
         water1          0.0000
         water2          0.0000
          urban          1.0000

          ----- End of Kappa Statistics -----
```

图 2-11-15　监督分类精度评价

3. 利用 ENVI 软件对遥感影像进行监督分类

1）类别定义和样本选择

根据研究目的、遥感数据本身的特征以及在研究区中收集的信息来确定分类系统，通过目视解译选择训练样本。定义训练样本的过程就是创建感兴趣区（ROI）的过程。

（1）打开 Landsat-8 遥感影像，进行彩红外合成显示，定义 4 类地物的训练样本：植被、水体、建筑物、裸地。

（2）利用 ROI 工具定义训练样本。在"Layer Manager"中，右键点击遥感影像文件，选择"New Region Of Interest"，打开"Region of Interest (ROI) Tool"面板（图 2-11-16）。

图 2-11-16　Region of Interest (ROI) Tool 面板

在 Region of Interest (ROI) Tool 面板中，设置以下参数："ROI Name"（样本名称）为植被；"ROI Color"（样本颜色）选择绿色。在"Geometry"选项卡中，默认样本类型为多边形，在遥感影像上的植被区域绘制一个多边形，双击左键或点击右键选择"Complete and Accept Polygon"形成一个训练样本。同理新建裸地、建筑物、水体的训练样本（图 2-11-17）。

图 2-11-17　训练样本选择

（3）评价训练样本。在"ROI Tool"面板中，在"Options"菜单下选择"Compute ROI Separability..."，计算样本的分离性，在"Choose ROIs"面板中，训练样本全选，点击"OK"，出现"ROI Separability Report"（图 2-11-18），其中"Jeffries-Matusita, Transformed Divergence"表示每个训练样本之间的可分离性，值为 0～2，大于等于 1.9 说明样本之间可分离性好，属于合格样本；如果小于 1.8，则需要编辑或重新选择训练样本；如果小于 1，则考虑将两类样本合并成一类。在"Region of Interest (ROI) Tool"面板中，点击"Options"→"Merge (Union/Intersection) ROIs..."，在"Merge ROIs"面板中，选择需要合并的类别，勾选"Delete Input ROIs"。在"ROI Tool"面板中，可将训练样本保存为.xml 格式的外部文件。

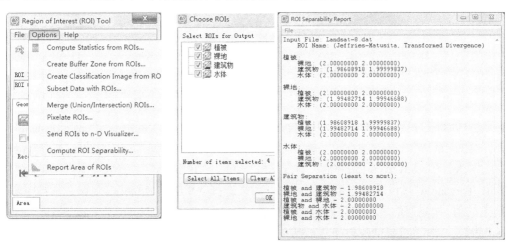

图 2-11-18　训练样本的评价

2）监督分类

在 ENVI 的 Toolbox 中，点击"Classification"→"Supervised Classification"，根据分类的复杂度、精度需求等选择合适的分类方法，包括 Parallelepiped（平行六面体）、Minimum Distance（最小距离）、Mahalanobis Distance（马氏距离）、Maximum Likelihood（最大似然）、Neural Net（神经网络）、Support Vector Machine（支持向量机），以及用于高光谱数据的 Adaptive Coherence Estimator（自适应一致估计）、Binary Encoding Classification（二进制编码）、Constrained Energy Minimization（最小能量约束）、Orthogonal Subspace Projection（正交子空间投影）、Spectral Angle Mapper Classification（波谱角制图）和 Spectral Information Divergence Classification（光谱信息散度）（图 2-11-19）。

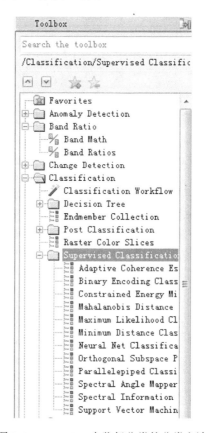

图 2-11-19　ENVI 中监督分类的分类方法

（1）最大似然法分类。在 Toolbox 中，打开"Classification"→"Supervised Classification"→"Maximum Likelihood Classification"，输入影像文件，打开"Maximum Likelihood Parameters"面板。在"Select Classes from Regions"下方单击"Select All Items"，训练样本全选。在"Set Probability Threshold"（设置似然度阈值）中，如果选择"Single Value"，则在文本框中输入一个 0～1 的值，如果似然度小于该阈值，则像元不被分类，或选择"None"。"Data Scale Factor"（数据比例因子）用于将整型反射率（或辐射）数据转化为浮点型。如果值为 0～10000，则比例因子为 10000。对于遥感影像的 DN 值，即没有经过辐射定标的整型数据，将比例因子设为 2^n-1，n 为数据的位（比特）数，例如，对于 8 位的 Landsat 数据，灰度级数为 2^8，DN

值为 0～255，因此设定比例因子为 255；对于 10 位的 NOAA 数据，灰度级数为 2^{10}，DN 值为 0～1023，设定比例因子为 1023。单击"Preview"可预览分类结果，单击"Change View"可改变预览区域，设置输出文件和"Output Rule Images"（输出规则图像）。最大似然法监督分类结果如图 2-11-20 所示。

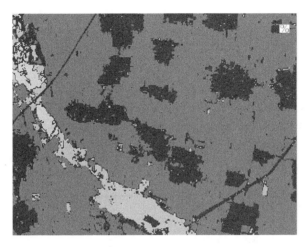

图 2-11-20*　最大似然法监督分类结果

　　（2）支持向量机分类。支持向量机（SVM）分类是一种建立在统计学习理论基础上的机器学习方法。它可以自动寻找对分类有较大区分能力的支持向量，构造出分类器，可以将类与类之间的间隔最大化。这种方法推广性较好，分类精度较高。

　　在 Toolbox 中，打开"Classification"→"Supervised Classification"→"Support Vector Machine Classification"，输入影像文件，打开"Support Vector Machine Classification Parameters"面板（图 2-11-21）。在"Select Classes from Regions"项，单击"Select All Items"，训练样本全选。"Kernel Type"（核函数类型）选项有：Linear（线性）、Polynomial（多项式）、Radial Basis Function（径向基函数）和 Sigmoid 函数。如果选择"Polynomial"，设置"Degree of Kernel Polynomial"（核多项式的次数）用于 SVM 训练，值为 1～6。如选择"Polynomial"或"Sigmoid"，使用 SVM 规则需要为"Kernel"指定"the Bias"，默认值为 1。如选择"Polynomial"、"Radial Basis Function"或"Sigmoid"，设置"Gamma in Kernel Function"参数是一个浮点型正数，默认为输入图像波段数量的倒数。"Penalty Parameter"的值是一个浮点型正数，默认为 100，它控制样本错误与分类刚性延伸之间的平衡。在"Pyramid Levels"处设置分级处理等级，用于 SVM 的训练和分类，如果值为 0，以原始分辨率处理；如果值大于 0，需要设置"Pyramid Reclassification Threshold"（重分类阈值），为 0～1。"Classification Probability Threshold"（分类概率域值）为 0～1，默认为 0。如果一个像元计算后所有的规则概率小于设定的值，则该像元不被分类。设置输出文件，还可选择"Output Rule Images"（输出规则图像）。支持向量机监督分类结果如图 2-11-22 所示。

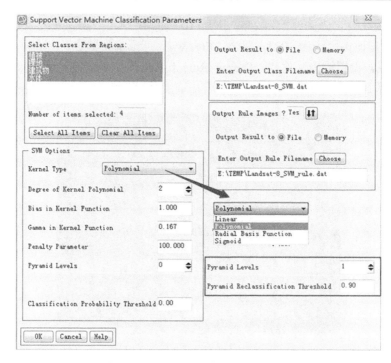

图 2-11-21　支持向量机分类参数面板

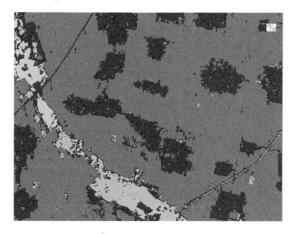

图 2-11-22[*]　支持向量机监督分类结果

3）分类结果评价

　　监督分类后，需要对分类结果进行评价，检验分类的精度和可靠性。用于精度验证的方法有分类结果叠加或混淆（误差）矩阵。将原始遥感影像和分类结果图像进行叠加，可以检验遥感影像分类的效果，检查明显错误的地物类型，例如，在遥感影像上的水体和城区的颜色如果很接近，可能会出现水体里有城区这种明显的错误，因此需要对训练样本进行修改或者补充，再次进行监督分类。

实验 2-12 遥感影像的非监督分类

遥感影像非监督分类的理论依据是遥感影像上的同类地物在相同的表面结构特征、植被覆盖、光照等条件下，应该具有相同或相近的光谱特征，从而表现出某种内在的相似性，归属于同一个光谱空间区域；不同的地物，光谱信息特征不同，归属于不同的光谱空间区域。

实验目的：帮助学生深入理解非监督分类的方法，体会遥感图像的监督分类和非监督分类的区别。

实验数据：ERDAS 软件 Examples 目录下的遥感影像文件。

实验环境：ERDAS 软件 Classifier 模块中的 Unsupervised Classification。

实验内容：

（1）在 ERDAS 中对 Landsat 多光谱遥感影像进行非监督分类。

（2）对非监督分类结果图像进行评价。

1. 非监督分类原理

非监督分类最常用的统计分析方法是聚类分析，聚类分析是按照像元之间的联系程度（亲疏程度）来进行归类的一种多元统计分析方法。对遥感影像进行聚类分析，通常是按照某种相似性准则对样本进行合并或分离，确定描述点与点之间联系程度的统计量，即相似度。在遥感影像处理中用得最多的是距离，如欧氏距离、马氏距离、绝对值距离等。

非监督分类不用地面实际数据，不预先确定类别而是对特征相似的像元进行归类，根据归类的结果确定类别，让软件识别遥感影像数据中的统计特征产生专题栅格图像。依据每类地物具有的相似性，把反映各类型地物特征值的分布，按相似分割和概率统计理论，归并为不同的集群，然后与地面实况进行比较，确定集群的含义。在没有训练区又对研究区不熟悉不了解时采用非监督分类方法。此方法人为参与少，快而简单，但最多可分为 25 类。

ERDAS 软件用迭代自组织数据分析技术（iterative self-organizing data analysis technique，ISODATA）算法进行非监督分类。此聚类方法用最小光谱距离公式对像元数据进行聚类。它从任意聚类平均值开始，计算像元与平均值的距离，把个体分到最近的类别中。聚类每重复一次，聚类的平均值就变化一次。新的聚类平均值作为下次聚类循环。ISODATA 重复影像聚类直到达到重复的最大次数或两次重复间类的不变像元的百分比最大时结束。运行非监督分类比监督分类简单，因为识别标志由 ISODATA 算法自动产生。

2. 产生专题栅格图像

在 Classification 模块中，点击"Unsupervised Classification…"，出现"Unsupervised Classification（Isodata）"对话框（图 2-12-1），输入遥感图像，勾选"Output Cluster Layer"（输出聚类图像）和"Output Signature Set"，如果非监督分类结果较好，可在监督分类时作为训练样本文件参考使用。"Number of Classes"，设置要分的类型数目，系统自动生成初始类别数，如输入 10。在"Processing Options"中，设置"Maximum Iterations"（最大重复次数），避免运行时间太长或达不到聚类标准而产生死循环，如输入 24。设置"Convergence Threshold"（收敛阈），默认为 0.95，即两次重复间类别的不变像元的最大百分数达到 95%时，分类停止，或两次重复间类别的改变小于 5%时，分类停止。结果生成非监督分类图像，即专题栅格图像。

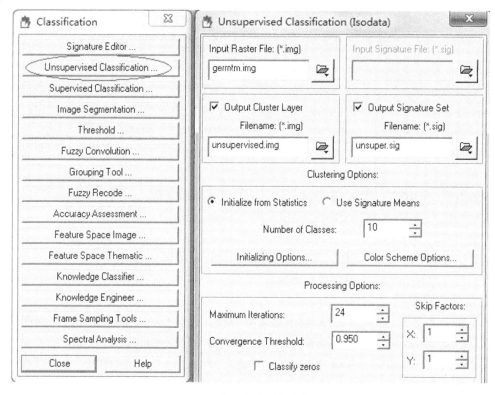

图 2-12-1　非监督分类的参数设置

3. 非监督分类评价

　　非监督分类后，用分类叠加来评价和测试分类精度。非监督分类的结果是专题栅格图像，能区别出要设定的类别，但每个类别具体是什么地物，需要人工识别，可用栅格属性编辑器来比较原始遥感影像和由非监督分类产生的专题栅格图像的单个类别去识别。

　　（1）叠加原始遥感影像 Germtm.img 和非监督分类结果图像。

　　（2）分析单个类型。在分类结果图像的视窗中，点击"Raster"→"Attribute"，打开"Raster Attribute Editor"面板，选中"Opacity"列，右键点击"Formula"，输入 0，上层的分类图像全部透明，下层的原始遥感影像全部显示出来。设置"Class1"的颜色为黄，"Opacity"为 1，则此类显示出来。利用视窗中"Utility"菜单下的"Swipe"或"Flicker"叠加功能，和原始影像比较，分析哪些像元被赋予此类，发现"自动模式"类型 1 的黑色像元为水体。修改类型的名称和颜色。Class2 确认为森林后，修改类型名称，颜色改为绿色。依次对其他类型的地物进行检查，确认类别后，修改各类的名称和颜色。

　　（3）保存各个类别的属性，得到非监督分类结果。

实验 2-13　遥感信息融合

遥感信息融合是指多种空间分辨率、波谱分辨率、时间分辨率和辐射分辨率的遥感数据之间以及遥感数据与非遥感数据之间的信息进行多层次有机组合匹配的技术，包括空间配准和数据融合两方面。遥感信息融合使不同遥感图像在统一的地理坐标系统下，构成一组新的空间信息合成图像。它以特征信息优化为原则，能发挥不同遥感数据源的优势互补，将单一传感器的多波段信息或不同类别传感器所提供的信息加以综合,弥补某一种遥感数据的不足，获得比任何单一数据更精确、更丰富的信息，生成具有新的空间、波谱、时间特征的合成影像数据，能消除多传感器信息之间可能存在的冗余，减少不确定性，提高解译、分类的精度及动态监测能力，提高遥感数据的可应用性和对地物的识别能力。

实验目的：理解遥感数据融合的原理，掌握遥感数据融合的方法，会在 ERDAS 和 ENVI 软件中进行遥感数据的融合处理。

实验环境：ERDAS 和 ENVI 软件。

实验数据：ERDAS 软件 Example 文件夹中的多光谱遥感影像和全色影像数据、石家庄区域 Landsat-8 全色和多光谱数据。

实验内容：

（1）ERDAS 软件中的遥感信息融合。

（2）ENVI 软件中的遥感信息融合。

1. 遥感信息融合的分类

1）不同传感器遥感信息的融合

多种卫星的不同传感器具有不同的空间分辨率、波谱分辨率和时间分辨率，所以目前应用较多的遥感信息融合是不同传感器遥感数据的融合，主要有航空像片、不同空间分辨率的卫星图像（如 Landsat TM、SPOT、Quickbird、气象卫星以及雷达影像）的融合。融合的关键是传感器的选择、融合前两个图像的精确配准以及融合方法的选择。融合方法的选择取决于融合图像的特性以及融合的目的。例如，合成孔径雷达 SAR 具有全天时、全天候工作的优势；对地表有一定的穿透能力，可提供隐伏构造等地质信息；对地表粗糙度和介电常数敏感等。而多光谱光学遥感数据最佳成像条件是晴天无云，因此 SAR 图像与 Landsat 图像的融合可以消除云覆盖的影响。如进行洪水灾害监测，可选择的遥感信息源有 Landsat 图像、雷达图像、气象卫星数据（如 NOAA AVHRR）等，尽管气象卫星图像空间分辨率低（1.1km），但时相分辨率高，可昼夜获取信息，同步性强，利于动态监测；多时相的 Landsat 图像光谱信息丰富，空间分辨率高，利于分析洪水信息；雷达图像较易观察水体和线性地物，可全天候获取信息，有利于监测洪峰。将这几种图像融合，既可获得洪水、水田、旱地情况，也可获得大堤、水渠等线性地物，同时可以克服云层影响和气象卫星分辨率低的不足。

不同分辨率的多光谱或高光谱图像与全色图像的融合，如 Landsat-8 OLI 多波段彩色图像与 SPOT-7 全色波段融合后的影像既具有高达 1.5m 的空间分辨率，又具有丰富的多光谱彩色信息。随着小于 10nm 波谱分辨率的高光谱遥感（如 EO-1 Hyperion）技术以及高空间分辨率

（如 0.61m 的 Quickbird）和高时间分辨率（如 1h 的地球同步气象卫星）传感器的发展，这些数据的融合将提高遥感数据提取光谱信息和纹理信息的能力。

2）多源多时相遥感信息的融合

将研究区多个不同时相的多光谱数据与全色波段融合，提高卫星影像数据的空间分辨率和光谱分辨率，增强影像判读的准确性，有助于检测出变化信息。融合影像的色调特征主要来自多光谱数据，融合影像的纹理特征主要来自高空间分辨率的全色数据，因此在进行遥感影像融合前，需要对所要融合的多光谱数据和全色遥感数据进行必要的预处理，以获得最佳融合效果。融合的数据模式有四种：前一时相的多光谱和后一时相的全色数据融合；前一时相的多光谱、全色数据和后一时相的全色数据融合；前一时相的多光谱、全色数据和后一时相的多光谱数据融合；前一时相的多光谱、全色数据和后一时相的多光谱、全色数据融合。为了充分挖掘多光谱数据的潜在价值，也可用它本身的全色波段（如 SPOT-7 1.5m）与多光谱波段（6m）进行融合，提取多时相变化信息。

3）遥感信息与 GIS 数据的融合

不同来源、不同采集方式、不同比例尺、不同时空序列的 GIS 空间数据有效融合是改善 GIS 空间分析功能的有效途径。在 GIS 数据库中，数字栅格图（digital raster graph，DRG）、数字线划图（digital line graph，DLG）、数字高程模型（DEM）、数字正射影像（DOM）简称 4D 数据，是基础地理数据。DOM 是通过对航空影像扫描数据或航天遥感数据，进行辐射校正和几何校正，并利用 DEM 进行投影差改正得到的，有时附以主要居民地、地名、境界等矢量数据。DEM 可反映地形的起伏状态，由 DEM 可产生坡度、坡向和高程等地形信息。在山区，遥感影像与 DEM 的融合不仅可以用来纠正因地形起伏造成的图像畸变，还可提高土地覆盖遥感分类精度，因为某些植被与高程、坡向有一定的关系。多时相、多平台、多分辨率、多传感器的遥感数据为 GIS 数据库更新提供了实时信息源，这些数据是 GIS 的重要数据源和数据更新的手段，因此对遥感图像与 GIS 数据库的大量背景数据进行叠加分析，可大大提高 GIS 的模式识别能力。GIS 也可看作一个以地理信息为核心的信息融合平台，它以经纬网坐标定位地球上的目标，任何与目标相关的非空间信息以对象属性数据的形式存在，使得各种不同类型的数据以空间数据为纽带结合在一起，提高了数据的信息表现能力。

2. ERDAS 软件中遥感信息融合

（1）分别在两个视窗中打开 Landsat TM 多光谱影像和 SPOT 全色影像，利用 Geo Link 进行链接，比较在两个影像上的显示效果（图 2-13-1）。

（2）在 ERDAS 的"Image Intepreter"模块，点击"Spatial Enhancement…"，选择"Resolution Merge…"（分辨率融合），输入多光谱图像和全色图像，融合方法选择"Principle Component"（主成分变换）、"Multiplicative"（乘积变换）或"Brovey Transform"（比值变换）（图 2-13-2）。

主成分变换融合是建立在图像统计特征基础上的线性变换，具有方差信息浓缩、数据量压缩的作用，可以更确切地揭示多波段数据结构内部的遥感信息。具体过程是：首先对多波段数据进行主成分变换，然后以高空间分辨率遥感数据替代变换以后的第一主成分，再进行主成分逆变换，生成具有高空间分辨率的多波段融合图像。

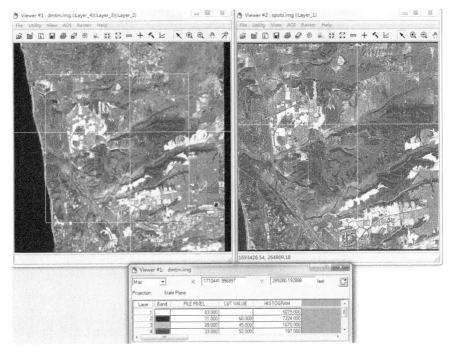

图 2-13-1 多光谱图像和全色波段图像的链接

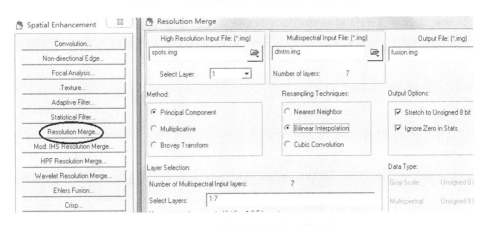

图 2-13-2 遥感影像融合的参数选择

乘积变换融合是应用最基本的乘积组合算法直接对两种空间分辨率的遥感数据进行合成，即融合以后的波段数值等于多波段图像的任意一个波段数值乘以高分辨率遥感数据。

比值变换融合是对输入遥感数据的三个波段进行计算：

$$B_i\_\text{New} = \frac{B_i\_\text{m}}{B_r\_\text{m} + B_g\_\text{m} + B_b\_\text{m}} \cdot B\_\text{h}$$

其中，B_i_New 为融合以后的波段值；B_r_m、B_g_m、B_b_m 分别为多波段图像中红、绿、蓝波段的值；B_i_m 为红、绿、蓝波段中的任意一个；B_h 为高空间分辨率遥感数据。

（3）重采样方法选择最近邻点法、双线性内插或立体卷积法，勾选 "Stretch to Unsigned 8 bit"。融合后的结果如图 2-13-3 所示。

图 2-13-3* 多光谱图像和全色图像的融合结果

3. ENVI 软件中遥感信息融合

ENVI 软件中遥感影像融合的方法有：CN Spectral Sharpening（乘积运算）、Color Normalized（Brovey 变换）、Gram-Schmidt Pan Sharpening（GS 变换）、HSV Sharpening（HSV 变换）、PC Spectral Sharpening（主成分变换）。

1）不同传感器遥感影像的融合

（1）在 ENVI 中，打开 Landsat TM 影像（彩红外显示）和 SPOT 全色影像（图 2-13-4）。

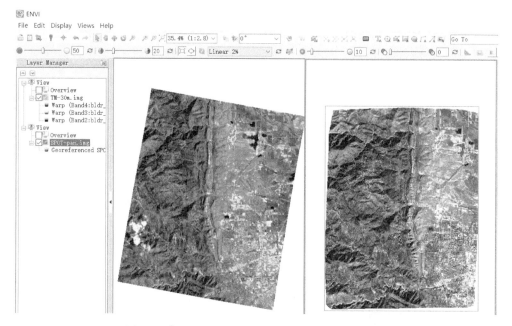

图 2-13-4* Landsat TM 影像和 SPOT 全色影像显示

（2）进行图像融合。在 Toolbox 中，点击"Image Sharpening"→"Gram-Schmidt Pan Sharpening"，出现"File Selection"面板，在"Select Low Spatial Resolution Multi Band Input

File"框中选择 TM 影像，在"Select High Spatial Resolution Pan Input Band"框中选择 SPOT 全色影像，在"Pan Sharpening Parameters"面板中，"Senor"（传感器）选择"Unknown"（两种不同传感器图像融合）。重采样方法选择最邻近卷积、双线性内插或三次卷积法（图 2-13-5）。

图 2-13-5　TM 多光谱和 SPOT 全色影像融合的参数设置

（3）结果显示。Landsat TM 影像和 SPOT 全色波段影像融合的结果如图 2-13-6 所示。

图 2-13-6* 不同传感器影像的融合结果

2）相同传感器影像的融合

（1）打开 Landsat-8 OLI 的全色和多光谱影像（图 2-13-7）。

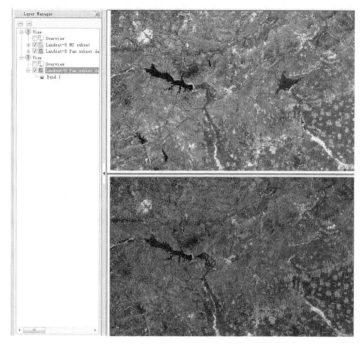

图 2-13-7　Landsat-8 多光谱和全色波段影像显示

（2）进行影像融合。在 Toolbox 中，点击"Image Sharpening"→"Color Normalized (Brovey)"，在"Select Input RGB Input Bands"框中选择彩红外合成的三个波段，在"High Resolution Input File"，选择 Landsat-8 全色波段，在"Color Normalized Sharpening Parameters"面板中，重采样方法选择最邻近卷积、双线性内插或三次卷积法。

（3）结果显示。Landsat-8 OLI 多光谱影像和全色波段影像融合的结果如图 2-13-8 所示。

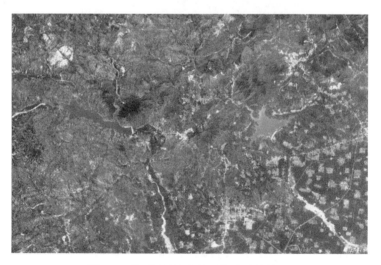

图 2-13-8[*]　相同传感器影像的融合结果

第 3 部分　遥感应用专题系列实验

实验 3-1　植被遥感应用

植被遥感是指利用遥感技术提取和分析与植被有关的信息，如植被指数、植被净初级生产力（net primary productivity, NPP）、叶面积指数（leaf area index, LAI）、植被长势、作物估产等。

实验目的： 掌握植被遥感的原理；利用卫星遥感数据和植被指数 NDVI 等，进行植被信息提取；分析作物胁迫、植被健康、易燃性等状况；监测植被 NPP 分布及变化；分析植被 LAI 分布及变化。

实验数据： 美国 Landsat 数据、MODIS 数据。

实验环境： 遥感影像处理软件 ERDAS 和 ENVI。

实验内容：

（1）利用 Landsat 数据计算植被指数。

（2）利用 Landsat 数据分析作物胁迫、植被健康、易燃性等状况。

（3）利用 MODIS 数据分析植被 NPP 和 LAI 分布及变化。

1. 植物遥感原理

健康绿色植物的反射波谱曲线基本相似，因为影响其光谱特性的主导因素一致。健康绿色植物的反射波谱特征如图 3-1-1 所示。在可见光波段内，植物的光谱特性主要受叶子的各种色素影响，其中主要是叶绿素。由于叶绿素的强烈吸收，叶子的反射和透射都很低。在以

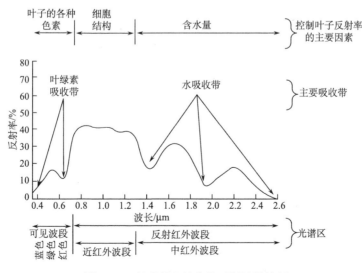

图 3-1-1　健康绿色植物的反射波谱特征

0.45μm 为中心的蓝波段和以 0.65μm 为中心的红波段，叶绿素强烈吸收辐射能而呈吸收谷。在 0.55μm 附近的吸收较少，形成绿色反射峰（10%～20%）而使植物呈现绿色。在近红外波段，植物的反射波谱特征取决于叶片内部的细胞结构。在 0.74μm 附近反射率急剧增加，并在近红外波段 0.74～1.2μm 形成高反射，这是由于叶子的细胞壁和细胞空隙间折射率的不同而造成多重反射引起的。在大于 1.3μm 的短波红外波段，绿色植物的光谱特性受叶子含水量的控制，在以 1.4μm、1.9μm 为中心的水吸收带处，反射率下降。

如果植物生长受到抑制，导致叶绿素含量降低，叶绿素在蓝、红波段的吸收减少而反射增强，特别是红波段的反射率升高，以致树叶转为黄色。当植物衰老时，由于叶绿素逐渐消失，叶黄素、叶红素在叶子的光谱响应中起主导作用，因此秋天树叶变黄或变红。

不同类别的植物叶子的色素含量、细胞结构、含水量均有不同，因而光谱响应曲线存在一定的差异。由于植物类别间叶子内部结构变化较大，植物在近红外波段的反射差异比较大，阔叶树叶片中有海绵薄壁组织，近红外波段反射强；针叶树没有海绵组织，反射弱，因而表现为彩红外图像上的深浅不同的红色。草本植物叶片组织比较均一，在遥感图像上的色调比较均匀，因此可以通过近红外波段反射率的差异来区分不同的植物类别（图 3-1-2）。

叶子的新老、稀密、生长季节、病虫害以及土壤水分含量等，均会引起植物反射率的变化。植物发生病虫害时，叶子组织会受到破坏，尤其在近红外波段的反射率会降低（图 3-1-3）。这种变化和差异可以为监测植物生长状况提供依据。

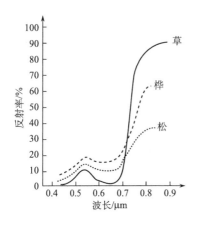

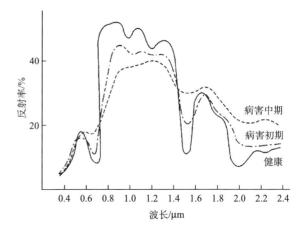

图 3-1-2　不同植物的反射波谱曲线   图 3-1-3　榕树病害的反射波谱曲线

2. 植被指数计算实验

植被指数是由多（或高）光谱数据的两个或多个波长范围的地物反射率，经线性或非线性组合运算构成的对植被有各种指示意义的数值。植被指数在植被遥感中应用广泛，是监测植被生长状态、植被覆盖度和生态环境变化的最佳指示因子。它与叶面积指数、叶绿素含量和绿色生物量高度相关，是植被专题研究、植被遥感监测和绿色生物量估算的重要指标。植被指数大多根据植被可见光红波段和近红外波段的反射率以及由这两个波段构成的土壤线方程确定的系数来构建，因为近红外波段是叶子健康状况最敏感的波段，可见光红波段是植物光合作用代表性的波段。

ENVI 软件提供了 27 种植被指数的计算，共有 7 种类别，即宽波段绿度（broadband

greenness）、窄波段绿度（narrowband greenness）、光利用效率（light use efficiency）、冠层氮
（canopy nitrogen）、干旱或衰老的碳（dry or senescent carbon）、叶子色素（leaf pigments）、冠
层含水量（canopy water content）（表 3-1-1）。

表 3-1-1 ENVI 中植被指数的种类

类别	植被指数	缩写	来源	公式	取值范围（植被）
宽波段绿度	标准差植被指数	NDVI	Rouse（1973 年）	$\text{NDVI} = \dfrac{\rho_{\text{NIR}} - \rho_{\text{Red}}}{\rho_{\text{NIR}} + \rho_{\text{Red}}}$	−1～1（0.2～0.8）
	简单比值指数	SR	Birth（1968 年）	$\text{SR} = \dfrac{\rho_{\text{NIR}}}{\rho_{\text{Red}}}$	0～30+（2～8）
	增强型植被指数	EVI	Huete（2002 年）	$\text{EVI} = 2.5 \times \left(\dfrac{\rho_{\text{NIR}} - \rho_{\text{Red}}}{\rho_{\text{NIR}} + 6\rho_{\text{Red}} - 7.5\rho_{\text{blue}} + 1} \right)$	−1～1（0.2～0.8）
	大气阻抗植被指数	ARVI	Kaufman（1992 年）	$\text{ARVI} = \dfrac{\rho_{\text{NIR}} - \left[\rho_{\text{Red}} - \gamma\left(\rho_{\text{Blue}} - \rho_{\text{Red}} \right) \right]}{\rho_{\text{NIR}} + \left[\rho_{\text{Red}} - \gamma\left(\rho_{\text{Blue}} - \rho_{\text{Red}} \right) \right]}$	−1～1（0.2～0.8）
	总绿度	SGI	Lobell（2003 年）		0～50（10～25）
窄波段绿度	红边标准差植被指数	RENDVI	Gitelson（1994 年）	$\text{NDVI}_{705} = \dfrac{\rho_{750} - \rho_{705}}{\rho_{750} + \rho_{705}}$	−1～1（0.2～0.9）
	修正的红边简单比值指数	MRESR	Datt（1999 年）	$\text{MRESR} = \dfrac{\rho_{750} - \rho_{445}}{\rho_{705} + \rho_{445}}$	0～30（2～8）
	修正的红边标准差植被指数	MRENDVI	Datt（1999 年）	$\text{MRENDVI} = \dfrac{\rho_{750} - \rho_{705}}{\rho_{750} + \rho_{705} - 2 \times \rho_{455}}$	−1～1（0.2～0.7）
	Vogelmann 红边指数 1	VREI1	Vogelmann（1993 年）	$\text{VREI1} = \dfrac{\rho_{740}}{\rho_{720}}$	0～20（4～8）
	Vogelmann 红边指数 2	VREI2	Vogelmann（1993 年）	$\text{VREI2} = \dfrac{\rho_{734} - \rho_{747}}{\rho_{715} + \rho_{726}}$	0～20（4～8）
	Vogelmann 红边指数 3	VREI3	Zarco-Teiada（2001 年）	$\text{VREI3} = \dfrac{\rho_{734} - \rho_{747}}{\rho_{715} + \rho_{720}}$	0～20（4～8）
	红边位置指数	REPI	Curran（1995 年）		690nm～740nm（700nm～730nm）
光利用效率	光化学植被指数	PRI	Gamon（1992 年）	$\text{PRI} = \dfrac{\rho_{570} - \rho_{531}}{\rho_{570} + \rho_{531}}$	−1～1（−0.2～0.2）
	结构不敏感色素指数	SIPI	Penuelas（1995 年）	$\text{SIPI} = \dfrac{\rho_{800} - \rho_{445}}{\rho_{800} - \rho_{680}}$	0～2（0.8～1.8）
	红绿比值指数	RGRI	Gamon（1999 年）	$\text{RGRI} = \dfrac{\sum\limits_{l=600}^{699} R_l}{\sum\limits_{l=500}^{599} R_l}$	0.1～8+（0.7～3）
冠层氮	标准差氮指数	NDNI	Fourty（1996 年）	$\text{NDNI} = \dfrac{\log\left(\dfrac{1}{\rho_{1510}} \right) - \log\left(\dfrac{1}{\rho_{1680}} \right)}{\log\left(\dfrac{1}{\rho_{1510}} \right) + \log\left(\dfrac{1}{\rho_{1680}} \right)}$	0～1（0.02～0.1）

续表

类别	植被指数	缩写	来源	公式	取值范围（植被）
干旱或衰老的碳	标准差木质素指数	NDLI	Melillo（1982 年）	$NDLI = \dfrac{\log\left(\dfrac{1}{\rho_{1754}}\right) - \log\left(\dfrac{1}{\rho_{1680}}\right)}{\log\left(\dfrac{1}{\rho_{1754}}\right) + \log\left(\dfrac{1}{\rho_{1680}}\right)}$	0～1（0.005～0.05）
	纤维素吸收指数	CAI	Daughtry（2001 年）	$CAI = 0.5 \times (\rho_{2000} + \rho_{2200}) - \rho_{2100}$	−3～4+（−2～4）
	植物衰老反射指数	PSRI	Merzlyak（1999 年）	$PSRI = \dfrac{\rho_{680} - \rho_{500}}{\rho_{750}}$	−1～1（−0.1～0.2）
叶子色素	类胡萝卜素反射指数 1	CRI1	Gitelson（2002 年）	$CRI1 = \dfrac{1}{\rho_{510}} - \dfrac{1}{\rho_{550}}$	0～15+（1～12）
	类胡萝卜素反射指数 2	CRI2	Gitelson（2002 年）	$CRI2 = \dfrac{1}{\rho_{510}} - \dfrac{1}{\rho_{700}}$	0～15+（1～11）
	花青素反射指数 1	ARI1	Gitelson（2001 年）	$ARI1 = \dfrac{1}{\rho_{550}} - \dfrac{1}{\rho_{700}}$	0～0.2（0.001～0.1）
	花青素反射指数 2	ARI2	Gitelson（2001 年）	$ARI2 = \rho_{800}\left(\dfrac{1}{\rho_{550}} - \dfrac{1}{\rho_{700}}\right)$	0～0.2（0.001～0.1）
冠层含水量	水波段指数	WBI	Penuelas（1995 年）	$WBI = \dfrac{\rho_{970}}{\rho_{900}}$	0.8～1.2
	标准差水分指数	NDWI	Gao（1995 年）	$NDWI = \dfrac{\rho_{857} - \rho_{1241}}{\rho_{857} + \rho_{1241}}$	−1～1（−0.1～0.4）
	水分胁迫指数	MSI	Hunt Jr.（1989 年）	$MSI = \dfrac{\rho_{1599}}{\rho_{819}}$	0～3+（0.4～2）
	标准差红外指数	NDII	Hardisky（1983 年）	$NDII = \dfrac{\rho_{819} - \rho_{1649}}{\rho_{819} + \rho_{1649}}$	−1～1（0.02～0.6）

（1）打开 224 个波段的 AVIRIS 高光谱遥感影像，采用彩红外合成增强植被的显示，植被显示为红色。在文件处，右键点击"Change RGB Bands..."，选择 RGB 以波段 53、29 和 19 显示，或在"Data Manager"中右键选择 "Load CIR"。

（2）在 ENVI 的"Toolbox"中，选择"Spectral"→"Vegetation"→"Vegetation Index Calculator"，出现"Vegetation Indices Input File"面板，选择高光谱图像文件。

（3）在"Vegetation Indices Parameters"面板中，"Select Vegetation Indices"默认为全选，或点击选择其中一种植被指数，如 ARVI。"Biophysical Cross Checking"（生理交叉检验功能）选择"On"（开启），将计算的植被指数用于植被分析工具（图 3-1-4）。

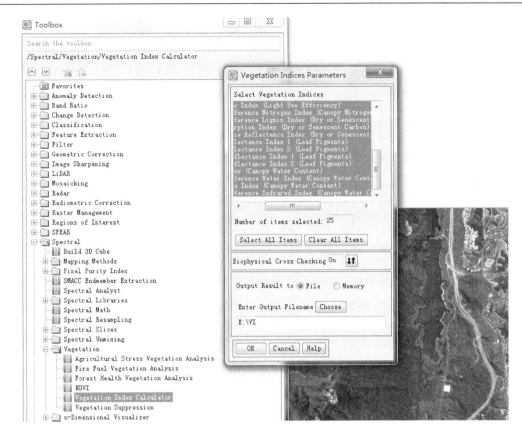

图 3-1-4 植被指数计算

（4）大气阻抗植被指数（ARVI）结果见图 3-1-5。ARVI 可以减少 NDVI 对大气特性的依赖。

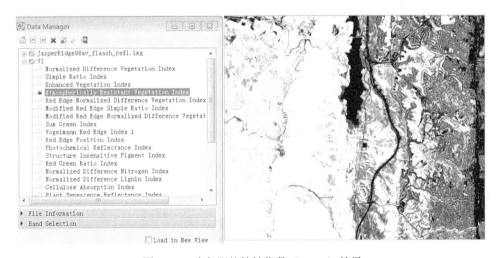

图 3-1-5 大气阻抗植被指数（ARVI）结果

3. 植被分析实验

ENVI 为植被应用提供了农作物胁迫分析（agricultural stress vegetation analysis）、植被易燃性分析（fire fuel vegetation analysis ）、森林健康分析（forest health vegetation analysis）等功能模块。

1）农作物胁迫分析

农作物胁迫分析可以产生一个作物胁迫空间分布图，用于农业用地以支持精准农业分析。农作物胁迫分析更注重生长效率，干旱的或垂死的作物不能有效地利用氮或光，表明农业胁迫较高，而健康的有活力的植被表现为低生长胁迫。

（1）打开高光谱图像文件。在 Toolbox 中，选择"Spectral"→"Vegetation"→"Agricultural Stress Vegetation Analysis"，出现"Vegetation Products Calculation Input File"面板，选择高光谱图像。

（2）在"Agricultural Stress Parameters"面板中，设置以下参数（图 3-1-6）。

"Greenness Index"（绿度指数）：表明闲置的农田、生长差的植被或健康的作物，选择 8 种植被指数中的一种，如"Normalized Difference Vegetation Index"（标准差植被指数）。

"Minimum valid greenness value"（最小绿度指数）：设置为 0.2，低于这个值的区域被掩膜掉。

"Canopy Water or Nitrogen Index"（冠层含水量或氮含量指数）：表明水胁迫程度或估算相对氮含量，选择 4 种指数中的一种，如"Normalized Difference Water Index"。

"Light Use Efficiency or Leaf Pigment Index"（光能利用率或叶色素指数）：表明农作物生长速度或农作物胁迫，选择 7 种指数中的一种"Photochemical Reflectance Index"（光化学指数）。

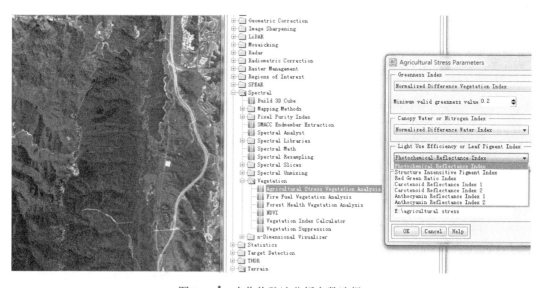

图 3-1-6* 农作物胁迫分析参数选择

（3）输出结果文件。计算结果是一个胁迫程度分为 9 级的分类图，数值越大，表示胁迫性越高，作物长势越差（图 3-1-7）。

图 3-1-7　农作物胁迫分析结果

2）植被易燃性分析

植被易燃性分析产生研究区的起火燃料和燃烧风险空间分布图，对森林管理者和当地政府用于在快速发展的森林与城市交界处减少火险非常有用。干燥或垂死的植物（水分少）所在地属于高火险分布区，而郁郁葱葱的绿色植物所在地属于低火险分布区。

（1）打开高光谱文件。在 Toolbox 中，选择"Spectral"→"Vegetation"→"Fire Fuel Vegetation Analysis"，出现"Vegetation Products Calculation Input File"面板，选择高光谱图像。

（2）在"Fire Fuel Parameters"面板中，设置以下参数（图 3-1-8）。

"Greenness Index"（绿度指数）：表明绿色植被的总量，选择 8 种植被指数中的一种，如"Normalized Difference Vegetation Index"（标准差植被指数）。

"Minimum valid greenness value"（最小绿度指数）：设置为 0.02 或其他值，低于这个值的区域不参与计算，被掩膜裁切掉。

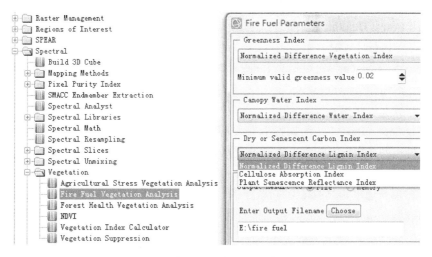

图 3-1-8　植被易燃性分析参数选择

"Canopy Water Index"（冠层含水量指数）：选择 3 种指数中的一种，如"Normalized Difference Water Index"（标准差水分指数）。

"Dry or Senescent Carbon Index"（干或老的碳指数）：表明非光合作用的植被，选择 3 种指数中的一种，如"Normalized Difference Lignin Index"（标准差木质素指数）。

（3）输出文件。计算结果是一个易燃程度分为 9 级的分类图，数值越大，表示火险等级越高（图 3-1-9）。

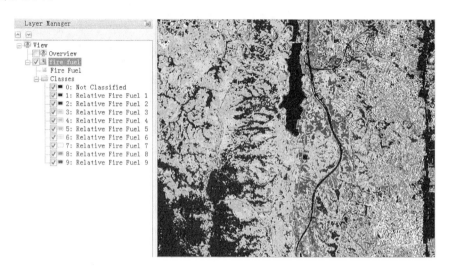

图 3-1-9　植被易燃性分析结果

3）森林健康分析

森林健康工具产生一个林区健康活力的空间分布，有助于诊断森林中的虫害和枯萎状况，评估木材采伐区。低胁迫条件下的森林通常由健康的植被组成，而高胁迫条件下的森林则表现为干燥或垂死的植物、非常稀疏的树冠以及低效的光能利用。

（1）打开高光谱文件。在 Toolbox 中，选择"Spectral"→"Vegetation"→"Forest Health Vegetation Analysis"，出现"Vegetation Products Calculation Input File"面板，选择高光谱图像。

（2）在"Forest Health Parameters"面板中，设置以下参数。

"Greenness Index"（绿度指数）：表明绿色植物的分布，选择 8 种植被指数中的一种，如"Atmospherically Resistant Vegetation Index"（大气阻抗植被指数）。

"Minimum valid greenness value"（最小绿度指数）：设置为 0.2 或更高值，低于这个值的区域不参与计算，被掩膜裁切掉。

"Leaf Pigment Index"（叶色素指数）：显示作为胁迫水平的类胡萝卜素和花青素的色素浓度。选择 4 种指数中的一种，如"Carotenoid Reflectance Index 1"（类胡萝卜素反射指数）。

"Canopy Water or Light Use Efficiency Index"（冠层水分含量指数或光利用率指数）：显示含水量或森林生长速度，选择 6 种指数中的一种，如"Photochemical Reflectance Index"（光化学反射指数）。

（3）输出文件。计算结果是一个森林健康状况分为 9 级的分类图，数值越大，表示森林越健康（图 3-1-10）。

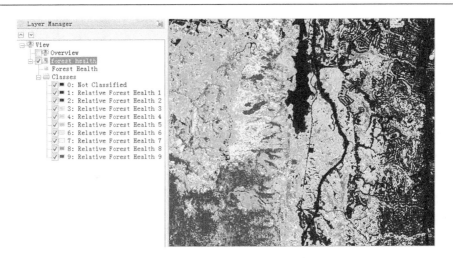

图 3-1-10　森林健康分析结果

4. NPP 与 LAI 估算实验

净初级生产力（NPP）指植物在单位时间单位面积上由光合作用产生的总初级生产量（gross primary production, GPP）扣除自养呼吸后的剩余部分，也称净第一性生产力。植被能吸收 CO_2，减缓温室气体浓度上升，调节全球碳循环的平衡，维持全球气候稳定，因此研究 NPP 对研究全球碳循环有重要意义。

利用 MODIS NPP 和 LAI 产品数据，对遥感数据进行裁切及其他处理，得到研究区图像，进一步分析不同植被类型的 NPP 及 LAI，以及与气象因子的关系。

自主练习：下载 MODIS 土地利用/覆盖数据产品，进行遥感数据的处理，提取不同的植被类型的分布及变化。

实验 3-2　水体遥感应用

水体遥感是指利用遥感技术提取和分析与水体有关的信息，如水体面积及变化、水体表面温度、水体污染等。

实验目的：掌握水体遥感的原理；利用卫星遥感数据识别水体信息，提取水体面积，分析水体的变化；监测海水表面温度及变化；分析海水叶绿素浓度及变化。

实验数据：Landsat 数据、MODIS 数据。

实验环境：遥感影像处理软件 ERDAS 和 ENVI。

实验内容：

（1）利用 Landsat 数据分析水体及面积变化。

（2）利用 MODIS 数据监测海水表面温度及变化。

（3）利用 MODIS 数据监测海水叶绿素浓度及变化。

1. 水体遥感原理

水体对太阳光的吸收大于反射和透射。由图 3-2-1 可见，水在可见光波段的吸收率较低，即在蓝、绿光波段透射能力相对较高。因此，水浅时，蓝、绿光波段可透射至水底，反映出水底情况。水在近红外波段吸收较强，在 1.4μm 和 1.9μm 附近的吸收率接近 100%，所以在近红外图像上，水体的色调一般较深，与周围植被或土壤的色调形成较大的反差，较易和其他地物区分开。

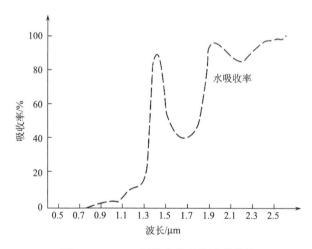

图 3-2-1　1mm 厚的水的吸收波谱曲线

影响水体波谱特性的因素主要有以下四点。

（1）水体的深浅。水体越深，吸收越多，色调越深，因此在彩红外图像上，水体呈现蓝黑色、蓝灰色；水体越浅，色调越浅。

（2）水体的浑浊度。在可见光的橙、红光波段内，混浊水的反射率比清水的反射率高 5%

左右。水中含有大量泥沙时，吸收变少。清澈的水在 0.75μm 处的反射率几乎为零，而含有泥沙的混浊水在近红外波段 0.8μm 处，出现较高的反射率。图 3-2-2 为混浊水体与清水的反射光谱曲线。

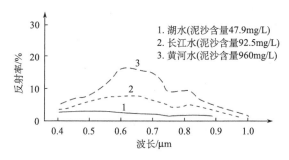

图 3-2-2　不同含沙量水体的反射波谱曲线

（3）叶绿素含量。如果水体中叶绿素浓度增加，蓝光波段的反射率会明显下降（图 3-2-3）。叶绿素浓度是衡量水体初级生产力和高营养化作用的重要指标，因此利用遥感技术可以监测藻类的浓度。

（4）水体污染。水上溢油污染会使紫外和蓝光波段的反射率增高，水体色调变浅。

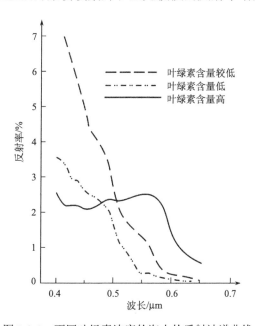

图 3-2-3　不同叶绿素浓度的海水的反射波谱曲线

2. 多时间序列水库变化实验

利用不同年份的 Landsat 遥感数据，分析岗南水库和黄壁庄水库的变化。Landsat 遥感影像，经镶嵌得到研究区彩红外遥感图像，再进行裁切，得到岗南水库和黄壁庄水库区域的遥感影像（图 3-2-4）。

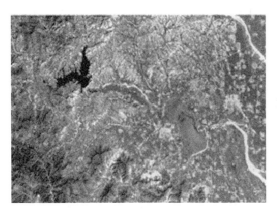

　　　　　(a) 2001 年　　　　　　　　　　　　　　　　(b) 2015 年

图 3-2-4* 不同时间水库区域的遥感影像

　　水体信息提取多采用与 NDVI 相类似的归一化水体指数（normalized difference water index, NDWI）法进行。它是根据植物与水体在可见光波段和近红外波段反射强度的差异而设计的一种最大限度抑制图像中植被信息而增强水体信息的方法，公式为

$$NDWI = \frac{\rho_G - \rho_{NIR}}{\rho_G + \rho_{NIR}}$$

其中，ρ_G 为遥感影像中绿光波段的反射率，ρ_{NIR} 为近红外波段的反射率。研究区 NDWI 图像如图 3-2-5 所示。

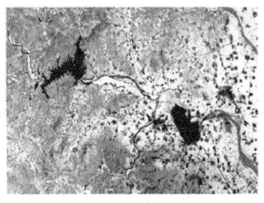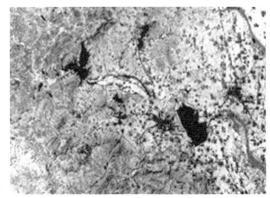

　　　　　(a) 2001 年　　　　　　　　　　　　　　　　(b) 2015 年

图 3-2-5 不同时间水库区域的 NDWI 图像

　　将 NDWI 图像与原始遥感图像进行叠加，经过对比分析，设定 NDWI 的阈值，提取出岗南水库和黄壁庄水库的分布，如图 3-2-6 所示。

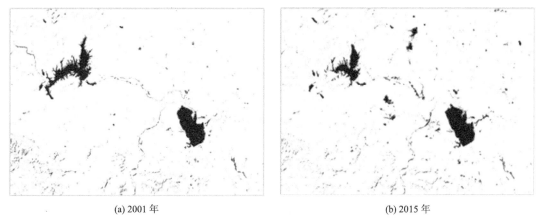

(a) 2001 年　　　　　　　　　　　　　　　　　　(b) 2015 年

图 3-2-6　不同时间岗南水库和黄壁庄水库的变化

3. 海表温度分析实验

利用 MODIS 海表温度（sea surface temperature, SST）数据 MOD28A3，可分析海表温度的分布。MOD28A3 空间分辨率为 9km，时间分辨率为每月一次。利用长时间序列的遥感数据，可分析全球海表温度的变化及异常，由此分析与海表温度相关的全球气候异常，如厄尔尼诺现象，常造成洪涝、干旱或台风等灾害的发生。

4. 海洋叶绿素分析实验

赤潮灾害与海水中的叶绿素含量有关。MODIS 叶绿素数据集 MOD21A2 是 Aqua 卫星上的叶绿素浓度产品，时间分辨率为 30d，空间分辨率为 9km。先对叶绿素数据图像进行几何校正，根据海域经纬度，对图像进行裁切，进行有效值（大于零的值）提取。在 ArcGIS 软件中，对海域的叶绿素数据进行分层设色处理，分析叶绿素的时空分布及变化。

自主练习：利用 MODIS 的陆表温度数据，分析陆表温度的分布及变化。

实验 3-3　大气遥感应用

大气对太阳辐射具有吸收、散射和透射等作用。受大气中的气溶胶粒子影响，遥感传感器接收到的入射辐射的性质及强度发生了变化。遥感大气应用的基本原理是通过入射辐射性质的变化测定，反演大气中气溶胶粒子的特性。

实验目的：通过地基遥感、卫星遥感数据的解析，初步了解大气气溶胶的遥感反演方法，初步认识气溶胶与大气污染之间的关系，掌握卫星遥感产品在大气污染事件研究中的应用。

实验数据：MODIS 数据。

实验环境：CE318 太阳辐射计、遥感影像处理软件 ENVI。

实验内容：

（1）利用 CE318 太阳辐射计进行大气气溶胶光学厚度数据分析。

（2）利用卫星遥感数据反演气溶胶光学厚度的方法。

（3）大气环境污染分析。

1. 地基遥感实验

气溶胶地基遥感探测方法主要有太阳光度计法、粒子计数器法等方法。地基遥感探测方法可以准确提供仪器所在地的气溶胶信息，可以获取实时、长期的观测数据，但探测范围较小，不能获得大范围的气溶胶时空分布变化信息。

本实验选取太阳光度计法测定大气气溶胶。

（1）启动 CE318 太阳光度计，进行仪器检测。

（2）检测完毕后，设定仪器的数字输出转换为气溶胶光学厚度。每 15min 测定一次大气气溶胶光学厚度。

（3）利用与 CE318 仪器配套的 ASTP 传输软件，定时传输并存储数据。将测定的原数据文件转换为 ASCII 文件。

自主练习：选取近 10d 的观测数据，完成大气气溶胶光学厚度数据提取，进行气溶胶光学厚度逐日逐时对比分析。

2. 卫星遥感实验

采用 MODIS L1B 1KM 数据产品，反演气溶胶光学厚度。实验范围为北京市。

实验数据文件为 MOD021KM.A2012156.0255.005.2012156094454.hdf，从美国 NASA 网站下载。气溶胶反演步骤包括：遥感影像辐射定标、几何校正、云检测、气溶胶反演。

1）遥感影像辐射定标

将遥感影像 DN 值转换为有实际物理意义的辐射亮度、地表反照率等。

在 ENVI 中，选择打开 EOS MODIS 类型文件，支持直接对 MODIS 数据辐射定标。数据加载界面如图 3-3-1 所示。

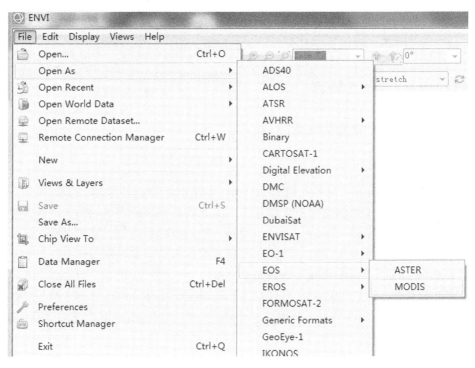

图 3-3-1 ENVI 中 MODIS 数据加载界面

2）几何校正

利用 ENVI 的 Toolbox，点击"Geometric Correction"→"Georeference by Sensor"→"Georeference MODIS"，对 MODIS1B 级数据进行几何校正，如图 3-3-2 所示。

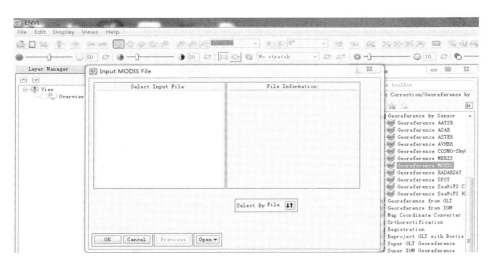

图 3-3-2 ENVI 中对 MODIS 数据几何校正界面

3）云检测

气溶胶的反演对云检测的精度要求较高。在反演过程中，可选择设定阈值，剔除反照率较高的云像元。

在 ENVI 软件中，可选用 modis_cloud.sav 文件，将其复制粘贴至 ENVI 安装目录下的"extensions"文件夹下。利用该工具软件完成云检测，输出云检测结果。

4）气溶胶反演

气溶胶反演算法采用暗像元法，也称浓密植被法（dense dark vegetation, DDV）。

暗像元的确定方法：可选择在波长 2.1μm 波段的反照率小于 0.15 的像元作为暗目标，其 0.66μm 和 0.47μm 波段的地表反照率采用如下方法来确定：

$$\rho_{0.47} = \frac{\rho_{2.1}}{4}, \qquad \rho_{0.66} = \frac{\rho_{2.1}}{2}$$

其中，$\rho_{2.1}$、$\rho_{0.47}$、$\rho_{0.66}$ 分别为地物在波长 2.1μm、0.47μm、0.66μm 处的地表反照率。

本实验采用 6S 模型反演气溶胶光学厚度，因此需要确定研究区域的气溶胶类型，如大陆型气溶胶、沙尘型气溶胶、非沙尘型气溶胶等。然后针对不同的气溶胶类型，改变地表反照率、太阳和卫星方位角及天顶角、气溶胶光学厚度等参数计算表观反照率，做出查找表。最终，查找相应气溶胶类型的查找表得到光学厚度。

在 ENVI 软件中，可选用 modis_aerosol_inversion.sav 文件，将其复制粘贴至 ENVI 安装目录下的"extensions"文件夹下。利用该工具软件，完成并输出气溶胶光学厚度反演结果。

3. 大气环境污染分析

城市上空的大气气溶胶光学厚度（aerosol optical depth, AOD）反映了大气污染的程度，下面采用 MODIS AOD 数据产品，进行 $PM_{2.5}$ 制图实验。

（1）选取 $PM_{2.5}$ 监测站点对应的地点，制作 AOD 与 $PM_{2.5}$ 的散点图。

（2）评估并选定 AOD 与 $PM_{2.5}$ 的关系模型，进行实验验证。

（3）利用建立的关系模型，完成 $PM_{2.5}$ 空间分布制图，并撰写实验报告。

实验 3-4　城市遥感应用

城市遥感是指利用遥感技术发现、提取城市的自然和社会环境信息，为城市规划、建设、治理提供决策依据。城市遥感不仅能够定性地从自然环境角度描述城市扩展、土地利用/覆盖等现象，定量地表达不透水面比例、地表温度、大气污染物浓度分布，而且可以进一步结合夜光数据、地表热异常产品对人类活动、工业生产、社会经济、基础设施风险评估等进行深入分析。

实验目的：利用卫星遥感数据，识别和提取城市建设用地边界，初步了解研究城市扩张的遥感应用技术路线和方法；初步掌握卫星遥感产品在城市热岛效应研究中的应用；了解夜光遥感数据的应用价值。

实验数据：Landsat、MODIS、珞珈一号夜间灯光遥感数据。

实验环境：遥感影像处理软件 ENVI。

实验内容：

（1）利用多期卫星遥感影像数据，获取石家庄市镇建设用地信息，从而揭示城市扩张的动态变化。

（2）利用卫星遥感数据开展城市热岛监测评估，为城市环境治理、规划建设、精细化管理等提供科学依据。

（3）研究夜光遥感数据在估算社会经济指标中的可行性。

1. 城市扩张实验

城市扩张在遥感影像上主要体现为城镇建设用地面积的扩大。因而，利用卫星遥感影像数据获取城镇建设用地信息，从而揭示城市扩张的动态变化，具有实时性和可靠性。

基于遥感影像提取城镇建设用地的方法有：目视解译法、计算机分类法（监督分类和非监督分类）、间接指数法。

1）目视解译法

选取石家庄市两期或多期遥感影像，通过目视解译法，分析石家庄市城市扩张的基本方向、规模。

2）计算机分类法

（1）分别利用监督分类、非监督分类方法，将城镇建设用地提取出来，对提取出的两期城镇建设用地数据进行比较。

（2）通过先分类后对比的方法，计算石家庄市城市扩张的具体规模和扩张方向。

（3）将城市扩张分析结果与石家庄市城市总体规划相对比，分析城市总体规划的实施情况。

3）间接指数法

间接指数法是指利用多波段遥感数据，建立能反映城镇用地情况的指数，进而用于城市扩张的动态变化评估的方法。通常采用归一化建筑指数（normalized difference build-up index, NDBI）、改进的归一化裸露指数（modified normalized difference barren index, MNDBI）、城镇用地指数。

城镇建设用地在中红外波段的反射率远高于近红外波段的反射率，这是区别于其他用地类型的主要光谱特征。因此，利用中红外波段和近红外波段构建归一化建筑指数，公式为

$$NDBI = \frac{\rho_{MIR} - \rho_{NIR}}{\rho_{MIR} + \rho_{NIR}}$$

其中，NDBI 为归一化建筑指数；ρ_{MIR} 为中红外波段的反射率；ρ_{NIR} 为近红外波段的反射率。

遥感影像上，若像元的 NDBI 值大于 0，则初步判断该像元为城镇建设用地。因为裸地、低密度植被覆盖区在中红外波段和近红外波段呈现出与城镇建设用地相似的光谱特征，所以有必要根据其他波段的光谱差异特性，进一步去除裸地以及含土壤背景信息的低密度植被覆盖区，最终得到准确度较高的城镇建设用地数据。可依据多期的城镇建设用地数据处理结果，研究城市扩张的动态变化。

通常，采用归一化植被指数（NDVI）提取植被信息，因此"1–NDVI"可用于提取非植被信息。因为 NDBI 主要反映的是城镇建设用地、裸地和含土壤背景信息的低密度植被覆盖区信息，所以将 NDBI 和"1–NDVI"相加就可以更加突出城镇建设用地信息。

改进的归一化裸露指数公式为

$$MNDBI = NDBI + (1 - NDVI)$$

其中，MNDBI 为改进的归一化裸露指数；NDBI 为归一化建筑指数；NDVI 为归一化植被指数。

城镇用地指数法是综合利用 NDBI、NDVI 两个指数的特点，将二者结合用于提取城镇建设用地。具体步骤为：

（1）利用 NDBI 提取得到城镇用地初判结果 DATA1。

（2）去除 DATA1 低密度植被覆盖区得到 DATA2。低密度植被覆盖区提取方法为 NDVI>0 且 NDBI>0。

（3）将多期城镇用地最终判定结果进行对比，分析城市扩张的动态变化。

实例分析：利用 2001 年和 2015 年的 Landsat 卫星图像（图 3-4-1），可分析石家庄市的城市扩张情况。图中矩形区域代表城市建成区。

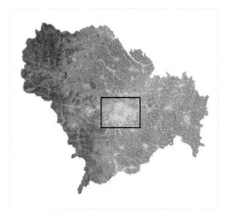

(a) 2001 年　　　　　　　　　　　　　　　　(b) 2015 年

图 3-4-1* 　石家庄 Landsat 彩红外卫星影像

　　自主练习：选取多年的 Landsat 卫星遥感数据，完成石家庄市城镇建设用地提取，进行城市扩张动态变化分析。

2. 城市热岛实验

　　城市热岛是反映城市环境质量的重要指标。我国城市热岛卫星遥感监测评估业务于 2019 年启动，由气象部门推进卫星遥感综合应用体系建设，科学规范地开展城市热岛强度监测与评估、城市热岛效应评估等，形成覆盖国家、省、市（地）、县四级的应用服务业务格局。

　　城市热岛研究所需要的数据为地表温度。地表温度遥感反演的方法有单窗法、劈窗法等。

　　单窗法需要已知地表比辐射率，适用于只包含一个热红外波段的遥感影像，如 Landsat TM 影像。

　　劈窗法根据分裂窗波段对水汽吸收的差异，将地表比辐射率作为输入变量进行大气和地表比辐射率订正，进而反演地表温度；适用于包含两个或多个热红外波段的遥感影像，如 NOAA AVHRR 或 MODIS 遥感影像。

　　此外还有白天/夜间 MODIS LST 方法，该方法利用 MODIS 的 7 个热红外通道的白天/夜间资料，同时反演地表温度和波段平均比辐射率，而不需要高精度的大气温度和水汽廓线。

　　自主练习：分别利用 Landsat TM 实验数据、MODIS 实验数据反演地表温度。根据反演的结果，评测城市热岛强度。

3. 夜光遥感数据应用实验

　　夜光遥感的主要应用领域为社会经济指标估算、城市规划建设评估以及公共健康等。

　　实例分析：利用美国国防气象卫星（Defense Meteorological Satellite Program，DMSP）搭载的业务型线扫描传感器（operational line-scan system，OLS）获取的夜间灯光遥感影像，观察城市发展情况。图 3-4-2 为河北省夜光遥感图像，颜色越浅表示采集到的灯光越多，黑色部分表示未采集到灯光。

图 3-4-2　河北省夜光遥感图像

　　自主练习：采用高分湖北中心（http://datasearch.hbeos.org.cn:3000/#）分发的珞珈一号夜间灯光遥感影像，完成本项实验。

　　（1）下载夜光遥感数据。

　　（2）查找文献，获取实验区的经济统计年鉴。

　　（3）分析夜光遥感数据与经济指标（如国内生产总值）的相关性，验证利用夜光遥感数据估算国内生产总值的可行性。

实验 3-5 灾害遥感应用

灾害遥感是指利用遥感技术感知、发现、提取自然灾害的发生地点、影响范围和强度、变化趋势等信息，为应急救援提供决策依据。

本项实验主要包括气象灾害、洪涝灾害、森林火灾、地质灾害等遥感应用。

实验目的：利用卫星遥感数据，识别和提取自然灾害信息，初步了解遥感数据处理的技术路线和方法；初步掌握洪涝灾害、森林火灾、草原沙漠化遥感监测的原理。

实验数据：MODIS、环境小卫星数据。

实验环境：遥感影像处理软件 ENVI。

实验内容：

（1）采用 MODIS 1B 数据监测沙尘暴、洪涝灾害和森林火灾；利用灾前、灾后多期卫星遥感影像数据，获取灾害范围信息，进而评估灾害的影响程度。

（2）利用环境小卫星数据监测草原沙漠化。

1. 气象灾害实验

气象灾害类型包括海冰、凌汛、干旱、沙尘暴、台风等。本小节以沙尘暴监测为例，进行气象灾害实验。

沙尘暴发生时，受沙尘粒子的反射、散射、吸收及长波辐射影响，卫星传感器接收到的探测值发生变化，因而可以通过分析沙尘暴过程的光谱特征，确定对沙尘敏感的波段，构建沙尘判断模型，从而实现对沙尘暴范围和强度的定量监测。

本项实验采用 MODIS 1B 数据监测沙尘暴。

国内外专家通过对沙尘暴过程的光谱分析，构建了沙尘暴卫星遥感监测指数（sandstorm value index, SVI），公式为

$$SVI_1 = \frac{CH_{17} - CH_8}{CH_6 - CH_2}$$

$$SVI_2 = \frac{CH_{23} - CH_{32}}{CH_{17} - CH_8}$$

其中，SVI 为沙尘暴信息指数；CH_x 表示 MODIS 第 x 波段。

判断沙尘的条件为

$$10 > SVI_1 > 1$$
$$1.6 > SVI_2 > 1$$
$$SVI_1 > SVI_2$$

自主练习：选取沙尘暴过程中的 MODIS 数据，完成沙尘暴信息提取，进行沙尘暴动态过程分析。

2. 洪涝灾害实验

洪涝灾害遥感监测即确定洪涝灾害的范围，其重要依据是水体范围的扩大。为了合理估

算洪涝灾害的面积，最重要的步骤是进行水体识别，然后从遥感影像上快速提取水体覆盖范围。

水体识别是基于水的光谱特征展开的。天然水体在可见光至近红外波段的反射率明显低于其他地物，在遥感图像上常表现为暗色调。

下面以 MODIS 数据为例，介绍水体遥感监测模型。

1）单波段提取法

利用水体在近红外波段反射较低的特性，选取遥感影像中的近红外波段，通过设定合理的阈值来提取水体。

2）多波段提取法

选取遥感影像中的绿波段、红波段、近红外波段等多个波段，通过波段的差值、比值，结合合理阈值来提取水体。

以差值法为例，MODIS 数据中，选取第 1 波段和第 2 波段的反照率 CH_1 和 CH_2，建立差值植被指数（difference vegetation index, DVI）：

$$DVI = CH_2 - CH_1$$

同时满足以下条件则判断为水体：

$$CH_1<A1，CH_2<A2，DVI<A3$$

其中，A1、A2、A3 为设定的阈值。

自主练习：利用 MODIS 实验数据，分别以差值法、多波段比值法提取洪涝灾害前后水体覆盖范围，根据提取结果，计算洪涝灾害的面积。

3. 森林火灾实验

基于遥感的火灾监测可分为火点探测和火灾后迹地识别。森林火点的判断依据为：温度异常且植被指数发生剧烈变化。在真彩色遥感影像上，正在燃烧的火点伴随烟雾，极易识别。

火点自动识别是提高火灾遥感监测响应速度的关键。森林火点识别方法有：亮温法、植被指数与亮温结合法。

（1）去除非火点像元。以 MODIS 为例，满足以下条件的，判定为非火点，予以排除。

$$T_{4\mu m} < 315K（夜间为 305K）或 \Delta T_{(4\sim11\mu m)} < 5K（夜间为 3K）$$

（2）确认火点像元。以 MODIS 为例，满足以下条件的，判定为火点。

$$T_{4\mu m} > 360K（夜间为 330K）$$

$$T_{4\sim11\mu m} < 20K（夜间为 15K）$$

$$T_{4\mu m} > T_{4\mu mB} + \Delta T_{4\mu mB}$$

$$T_{4\sim11\mu m} > T_{(4\sim11\mu m)B} + 4\Delta T_{(4\sim11\mu m)B}$$

其中，$T_{4\mu m}$ 为 4μm 波段的亮温值；$T_{11\mu m}$ 为 11μm 波段的亮温值；$T_{4\sim11\mu m}$ 为 4μm 波段和 11μm 波段的亮温值；$T_{4\mu mB}$ 和 $T_{(4\sim11\mu m)B}$ 分别为 $T_{4\mu m}$、$T_{4\sim11\mu m}$ 的均值；$\Delta T_{4\mu mB}$ 和 $\Delta T_{(4\sim11\mu m)B}$ 分别为 $T_{4\mu m}$、$T_{4\sim11\mu m}$ 的方差。

最后，去除识别结果中的耀斑，得到最终火点识别结果。

自主练习：2019 年森林大火火灾监测。下载可用的卫星遥感影像，用所学方法识别火点，评估森林火灾损失，并撰写实验报告。实验报告内容包含数据来源说明、数据处理流程、火点识别方法、火点识别结果、森林火灾损失评估方法和结果。

4. 地质灾害实验

地质灾害实验是基于遥感影像，利用目视解译、计算机分类和地理信息系统定量计算等方式，获取地质灾害相关信息。

地质灾害大多具有明显的形态特征，与背景岩石或地层有一定的色调、形状、阴影、纹理及图案的差异，在遥感影像上呈现特定的色调、纹理及几何形态组合，可作为识别地质灾害的直接解译标志。

地质灾害造成地形地貌、植被、水系及景观生态等的异常突变，可以为地质灾害的判定提供间接标志。

地震会造成灾区房屋毁损、道路破坏、河流堵塞、崩塌、滑坡、泥石流等地质灾害。可以利用灾害前后的遥感影像的对比分析，提取灾害的范围、灾毁房屋、道路破坏等信息，结合其他资料综合分析与研究，进行地质灾害分析及灾损评估。

土地退化和荒漠化，包括石漠化、水土流失、沙漠化、盐渍化、沼泽化。利用遥感影像提取与土地退化和荒漠化特征、范围及其变化等密切相关的因素，如地表温度、土地利用类型、地形、土壤、植被等，进行区域土地退化和荒漠化分布及程度的调查与监测。

自主练习：基于遥感数据，实现草原监测与沙漠化监测。

第4部分　野外地面量测系列实验

实验 4-1　叶面积指数量测

叶面积指数（LAI）是植物重要的冠层结构参数，是影响植被冠层反射率的一个重要因素。不同的植被类型及植物在不同的生长阶段、不同健康状况下，LAI 也不同。

实验目的：会设置 LAI-2000 植物冠层分析仪，并量测植物的叶面积指数。

实验仪器：LAI-2000 植物冠层分析仪。

实验内容：利用 LAI-2000 植物冠层分析仪量测植物的叶面积指数。

1. LAI-2000 植物冠层分析仪

植物的叶面积指数（LAI）量测采用 LAI-2000 或 LAI-2200C 植物冠层分析仪（图 4-1-1）。这两款仪器是美国 LI-COR 公司开发的、专门用于量测植物冠层结构的仪器。仪器由控制单元和光学感应传感器组成，采用"鱼眼"传感器（垂直视野范围 148°）量测冠层上下 5 个角度的透射光线，并利用植被冠层的辐射转移模型计算 LAI、空隙比等冠层结构指标。

可计算的指标有：LAI、LAI 的标准误（SEL）、平均叶倾斜角（MTA）、MTA 的标准误（SEM）、用于计算结果的上下观测次数（SMP）、冠层下可见天空比（DIFN）。

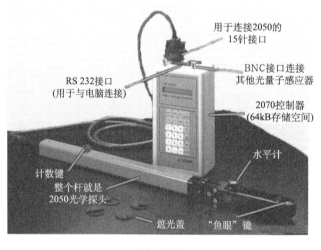

(a) LAI-2000　　　　　　　　　　　　　　　　(b) LAI-2200C

图 4-1-1　植物冠层分析仪

2. 仪器设置

（1）连接传感器。仪器正面向上，连接 LAI-2000 的传感器 LI-2050 于左上方的 X 接口上。

（2）仪器开关。按"ON"键，启动仪器；按"FCT+0+9"键，关闭仪器。

（3）Setup 设置。按下"SETUP"键，使用↑↓键可以依次看到 00～09 行，每次调整的是处于显示屏幕的上面那一行，按下"ENTER"键进行操作。

04：Resolution，设置为高分辨率（High）。

05：Set Clock，设置时间和日期。

07：Set Angles，仪器本身的 5 个角度已经给定，无须调整。

（4）设置操作模式（OPER）。

11：Set Op Mode，设置操作模式，传感器连接到 X 接口，使用↑键，选择"1 sensor X"，按"ENTER"键确认。提示输入量测次序，可设置"Seq=↑↓↓↓↓"，表示在量测 LAI 时先量测 1 次植物冠层上方的辐射数据（A 值），再量测 4 次冠层下方的辐射数据（B 值），按"ENTER"键确认，提示输入重复次数，可设置"Reps=2"，即对同一目标重复量测 2 次，按"ENTER"键确认。

12：Set Prompts，设置附加信息，按"ENTER"键提示输入所量测的植物种类，如 Wheat；输入位置，如 Plot8。

（5）记录数据和计算叶面积指数（LOG）。按"LOG"键，出现设置过的植物种类和量测位置信息对话框，输入量测的顺序号，仪器显示如图 4-1-2 所示。

图 4-1-2　仪器显示的 LAI 记录结果

*左边的数字（图中为 0）是得到的 A 值（当实时行*在上面时）或得到的 B 值（当实时行在下面时），X1 为接口，最右边是传感器的 LAI 量测值。

启动量测程序，当实时行*在上面一行时，把传感器放在冠层上方量测，反之，把传感器放在下方量测，重复量测两次后，目标量测结束，仪器将计算最终结果，并得到一个记录 LAI 的文件。量测时保持传感器水平。按下按钮后，听到两次提示音即表示一次数据记录完成，第一声是按键声，第二声是读数完成的声音。

（6）浏览量测结果（VIEW）。记录文件会自动存储。按"FILE"键，或 FCT27，可浏览量测结果。当显示屏提示输入文件序号时，输入文件号，用"↑"和"↓"键查看详细结果（表 4-1-1）。默认第一种显示模式。

表 4-1-1　LAI 量测结果浏览

FILE=5	文件号
10 JUL 08 35 01	文件创建日期时间
WHAT=Wheat	植物的种类
WHERE=Plot8	量测的位置
LAI=4.67	叶面积指数值
SEL=0.13	叶面积指数的标准差
DIFN=0.151	天空可见度
MTA=65	平均叶倾角
SEM=6	平均叶倾角的标准差
SMP=8	采样数据对

（7）数据传输。安装随机配备的 FV2000 程序，打开 FV2000，使用 RS232 数据线连接电脑和 LAI-2000。按"FILE"键，再按↑↓键找到"PRINT ON"，按"ENTER"键进入，输入文件序号。在 FV2000 界面上，点击"File"，出现下拉菜单，按"Acquire"选项，获取数据。

3. LAI 量测实验

实验量测玉米的 LAI。在每个样区选择三个样点，沿着垄沟走，大约每隔 50～70 m 选取一个采样点。每个样点利用 GPS 记录经纬度位置、高程，量测株高，重复两次量测 LAI、MTA 和 PAR。设置 LAI-2000 的程序，观测时鱼眼镜头保持水平，每一次方式都为↑↓↓↓↑↑↓↓↓（即一次在冠层之上量测，四次在冠层之下量测），其中分别在玉米行内，离行 1/4 处，离行 1/2 处，离行 3/4 处，这样会对部分覆盖的行播作物进行很好的空间平均。记录一个数据时，需要按"ENTER"键，每次都要听到两次蜂鸣声后再测，在两次蜂鸣声之间，必须保持传感器水平不动。可查看或记录每次的 LAI 和 MTA。

LAI-2000 每次最多存储 104 条记录，需要及时将数据导出。GPS 是以天为单位存储的，每天工作完成后将 GPS 数据和 LAI-2000 数据同时导出。

实验 4-2　反射波谱量测

　　地物的反射波谱特征是研究遥感成像机理、遥感图像分析、数字图像处理中最佳波段组合选择、专题信息提取等的重要依据，同时也是遥感应用分析的基础。不同的地物由于物质组成、内部结构和表面状态的不同，具有不同的电磁反射特性。遥感就是依据仪器所接收到的探测目标的反射能量的电磁波谱特征的差异，或地物反射波谱曲线的差异，来识别不同的物体。地物的反射波谱可通过波谱仪野外量测得到。

　　实验目的：学会利用野外波谱仪 ASD FieldSpec 4 或 SVC HR-512i 量测地物的反射波谱，比较不同地物的反射波谱曲线的特点，分析其不同的原因。

　　实验仪器：野外波谱仪 ASD FieldSpec 4、SVC HR-512i、参考板。

　　实验内容：利用野外波谱仪 ASD FieldSpec 4 或 SVC HR-512i 量测不同地物的反射率，画出地物的反射波谱曲线，并比较不同地物反射波谱曲线的特点。

1. ASD FieldSpec 便携式地物波谱仪量测实验

1）地物波谱仪 ASD FieldSpec

　　美国 ASD 公司的便携式地物波谱仪 FieldSpec 4，可实时量测地物在 350～2500nm 的反射、透射、辐射度（图 4-2-1）。波谱采样间隔：350～1000nm，1.4nm；1000～2500nm，2nm。每秒最快可得到 10 个波谱曲线，并实时显示光谱曲线。优点是信噪比高，可靠性好，重量轻。

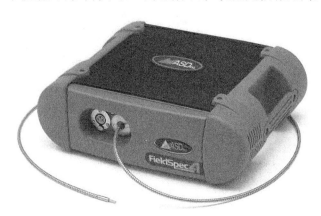

图 4-2-1　便携式地物波谱仪 FieldSpec 4

2）反射波谱量测实验

（1）实验条件。

　　量测对象：亮目标包括各种水泥建筑表面、荒漠表面、路面等；暗目标主要是宽阔水面。另外，量测森林和农作物的冠层光谱、草地和裸地的光谱反射率。

　　量测地点：提前到研究区确定位置；每个样区均要量测。

　　量测要求：为减少量测人员自然反射光对观测目标的影响，观测人员应穿深色服装；尽可能保证参考板和观测对象的波谱同步量测，避免天气变化造成的反射波谱数据的误差。

量测时间：在无风、天空晴朗的条件下量测。地方时 9:30～15:30，以确保太阳辐射条件稳定。在每个样区采样的同时进行农田等冠层光谱反射率的量测，为进行大气校正而量测的亮、暗目标波谱应与卫星过境同步量测。

记录：记录天气条件、被观测地物及周围环境的详细描述，并对现场地物拍照。

（2）实验过程。波谱仪的探头与被测对象的高度差为 1.0～1.6m，观测时探头应保持垂直向下，即与机载成像光谱仪观测方向保持一致，并将传感器左右移动，重复采集 5 次光谱数据；观测对象光谱量测前后，分别测定参考板光谱（分挡与不挡太阳直射光两种情况），参考板与被测对象在同一平面水平放置。可以随时观察地物的波谱是否和实际相符，如果不符，检查问题所在。用手持 GPS 定点记录量测点的经纬度位置和高程。注意在量测暗目标水体的反射光谱时，要乘船在无风情况下量测。

采集的波谱数据用软件 RS3 和 ASD ViewSpecPro 进行处理。

2. SVC HR-512i 地物光谱仪量测实验

1）地物光谱仪 SVC HR-512i

SVC HR-512i 是美国 SVC 公司研制的便携式野外波谱仪（图 4-2-2），能探测波长 350～1050nm 的地物反射波谱，有 512 个波段，波谱分辨率≤3.2nm，4° 标准视场角。

图 4-2-2　便携式波谱仪 SVC HR-512i

主机内置高清触摸显示屏，可实时查看光谱数据。内置 GPS 模块及高清晰度电荷耦合元件（charge coupled device, CCD）摄像头，在获得高光谱数据的同时，实时将所量测目标的影像记录至掌上电脑中，便于用户后期对光谱数据整理。内存可储存 1000 组光谱数据。SVC HR-512i 配置第二代蓝牙模块，允许用户连接其他类型传感器，如湿度传感器、温度传感器等；重量 2.4kg，小型轻便。

2）数据采集时仪器设置

安装电池，启动仪器，界面如图 4-2-3(a)所示。点击"SETUP"键，修改扫描设置如图 4-2-3(b)所示。点击"NEXT"，SATS LOCKED 记录当前的卫星数量，GPS 获得经纬度信息。点击"SAVE SETTINGS"保存设置。

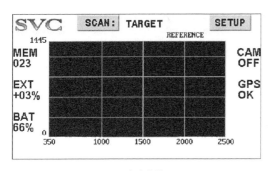
(a) 启动仪器

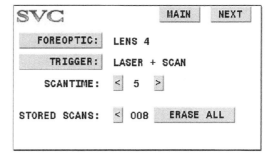
(b) 扫描设置

图 4-2-3 SVC HR-512i 仪器设置

3）实验过程

（1）设置 SCAN 为 REFERENCE。

（2）在要量测的一个采样点的地物上方放置白板，仪器镜头距离白板 15～20cm，按压激光扫描按钮，使激光打在白板上，松手，当听到仪器发出声响结束，等待显示屏上出现量测曲线，完成对白板的量测。

（3）在相同位置，用同样方法垂直对地物进行三次量测，注意激光要打在合适的位置上。

（4）完成一次量测，及时观察地物反射波谱曲线是否大致符合事实，否则应重新量测。

4）数据采集软件

（1）软件主界面。数据采集软件的主界面如图 4-2-4 所示。点击"Reference Scan"按钮，使仪器采集并以图形方式显示参考白板数据。点击"Target Scan"按钮，使仪器采集并以图形方式显示单个地物目标的反射波谱数据。"Plot Types"选择显示在图形区域中的数据类型。"Last Scan Information"显示数据采集软件最后一次获取的参考或目标地物的扫描信息。

（2）打开波谱数据。主菜单中，可以新建、打开或保存 SIG 格式的波谱数据。

（3）显示地物波谱曲线。点击"Single Graph"，显示当前所选的一组单一光谱数据曲线，不同颜色的曲线对应不同的目标，Reference 和 Target 辐射值位于 Y 轴左侧，通过左侧的反射比选项得出 Y 轴右侧的反射曲线。样点反射波谱曲线如图 4-2-5 所示。点击"Multi Graph"（多图模式），允许用户将最多 24 组的参考辐射、目标辐射等光谱曲线集成到一起显示。

"Window"菜单下，点击"Plot Settings..."，可设置波长显示范围、曲线宽度及标记。

（4）数据导出。①使用 USB 连接线将仪器与电脑连接。②建立软件和电脑之间的连接。点击"Control"菜单下的"Setup Instrument..."，弹出"Setup"窗口，选择"List All Possible Ports"，选择与电脑相连的端口，点击"Connect"。③导出数据。点击"Control"菜单下的"Read Memory"，选择要导出的开始和结束的文件编号、存储位置及文件名称，点击"Download now"。

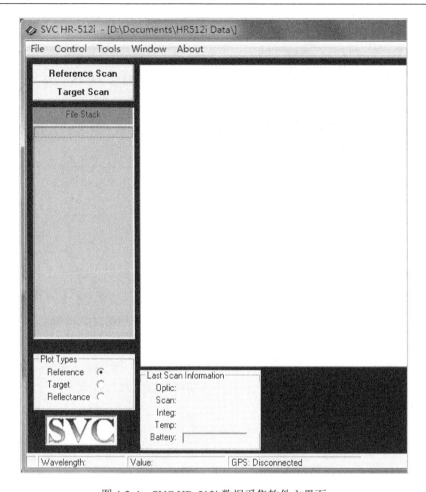

图 4-2-4 SVC HR-512i 数据采集软件主界面

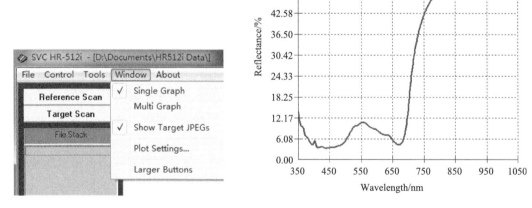

图 4-2-5 样点地物的反射波谱曲线

实验 4-3 叶绿素量测

　　叶绿素（chlorophyll）含量是反映植物生长阶段、健康状况、植物活力的重要指标，是影响植物反射率的重要参数，与叶片氮含量有极强的相关性。通过量测叶绿素含量可以了解植物真实的硝基需求量和植物生长状态，确定是否需要施肥以及是否过度施肥，以增加氮的施肥效率，改善作物的品质和产量。叶绿素含量可通过化学实验（丙酮提取法）提取或利用叶绿素计进行量测。

　　实验目的：学会利用 SPAD-502 叶绿素计量测植物的叶绿素含量，并比较不同生长阶段的植物叶片的叶绿素含量。

　　实验仪器：SPAD-502 叶绿素计。

　　实验内容：利用 SPAD-502 叶绿素计量测植物的叶绿素含量。

1. SPAD-502 叶绿素计

　　日本 SPAD-502 叶绿素计（Minolta SPAD 502 Meter）是一种对植物无破坏性的叶绿素含量测量仪（图 4-3-1），通过测定植物叶子在蓝光 400～500nm 和红光 600～700nm 波长的吸收率确定叶子叶绿素的相对含量或"绿色程度"。利用 SPAD-502 叶绿素计可以在几秒内量测和记录叶绿素含量。

图 4-3-1　SPAD-502 叶绿素计

2. 叶绿素量测实验

把叶绿素计夹在叶片组织上，沿着叶片边缘选取 20 个位置分别量测，每次量测可以看到一个叶绿素数值，不到 2 秒，就得出一个 20 次叶绿素含量的平均值（0～99.9）。

SPAD-502 叶绿素计的内存可以容纳 30 次量测数据。在内存中的数据可以被读取或删除，内存中所有数据的平均值也可以自动计算出来。

实验 4-4　叶面积量测

　　叶面积是计算叶子叶绿素含量或叶片含水量的一个参数，叶面积可用网格法或仪器量测。网格法是把叶子平铺到网格纸上，在网格纸上画出叶子的边界，然后计算网格的数量，从而得到叶面积。仪器量测叶面积可用叶面积仪。

　　实验目的：学会利用 LI-3000C 便携式叶面积仪量测植物的叶面积，从而进一步计算叶绿素含量或叶片含水量。

　　实验仪器：LI-3000C 便携式叶面积仪。

　　实验内容：利用便携式叶面积仪 LI-3000C 量测植物的叶面积。

1. LI-3000C 便携式叶面积仪

　　便携式叶面积仪 LI-3000C 能快速、准确地测定各种植物的叶面积。仪器由主机和传感器组成（图 4-4-1）。

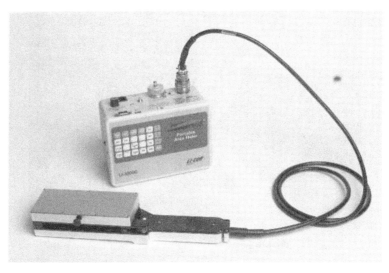

图 4-4-1　LI-3000C 便携式叶面积仪

2. 仪器设置

　　（1）仪器连接。在 LI-3000C 主机上，将"EXT BATT 6V DC"拨到 230V 处。拧开保险管帽，装上保险管。在仪器主机关闭状态下将扫描头与主机连接，连接接口在主机的背部面板上，有"SCANING HEAD"标记，对准接口内的针口向内推进后旋转至拧紧螺丝扣。

　　（2）充电。将电源线与主机上"AC POWER"处连接进行充电，第一次充电可使用 15h。机器不使用时要充满电放置，否则会影响电池寿命。充满电后仪器会自动断电以保护机器。

　　（3）显示屏显示。分为 X 和 Y 两行。X 行显示数值，默认为面积 AREA。Y 行显示累计值，如需把 X 行的数据累积到 Y 行，按"ADD"按钮；按"SUB"按钮则把数值从累加值中删去。

（4）数据存储。按"FILE"键建立一个文件，文件名按顺序号自动指定。按要求输入"ENTER REMARK"，用来标记地点或样地。量测后，按"STORE X"键存储单次量测数据，按"STORE Y"键存储累计量测数据。按"FILE"键关闭文件。

（5）查看数据。按"VIEW"，提示输入文件号和登记号，可以查看不同数据。

（6）删除文件。按"DEL"，提示输入文件号，然后删除该文件。

（7）MENU功能。①Memory Available：显示可用内存空间。②Set I/O：配置RS-232接口（使用默认设置）。③Print Files：从叶面积仪输出文件到计算机中。选中后按回车，"FROM"处输入起始的文件号，"THRU"处输入结束的文件号。④Delete all Files：删除所有存储的文件。⑤Config Registers：设置自动清除数据。⑥Set clock：设置时间。⑦Resolution：设置叶面积仪的分辨率。

3. 叶面积量测实验

用手指按住扫描头上部的把手，把扫描头上部抬起来，并把叶片夹在扫描头上下中间，用左手捏住叶片的叶柄处，同时右手操作扫描头夹住叶片匀速拉动，直到完全抽出叶片（图4-4-2）。抽动速度不能大于1m/s。操作完成后，显示屏即可显示面积的数值（AREA，cm^2），也可以累加多个叶片的面积。

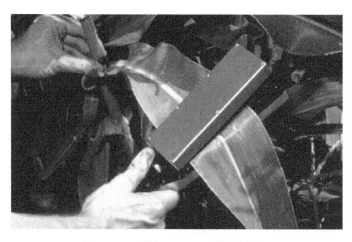

图 4-4-2　利用 LI-3000C 量测叶面积

主要参考文献

党安荣, 贾海峰, 陈晓峰, 等. 2010. ERDAS IMAGINE 遥感图像处理教程. 北京: 清华大学出版社.

邓书斌, 陈秋锦, 杜会建, 等. 2014. ENVI 遥感图像处理方法. 2 版. 北京: 高等教育出版社.

李晓玺, 袁金国, 刘夏菁. 2017. 基于 MODIS 数据的渤海净初级生产力时空变化. 生态环境学报, 26(5): 785-793.

吕国凯, 洪启旺, 郝允充, 等. 1995. 遥感概论. 2 版. 北京: 高等教育出版社.

马晶晶, 袁金国. 2014. 基于模型模拟的植被 NDVI 与观测天顶角和 LAI 的关系. 遥感技术与应用, 29(4): 539-546.

梅安新, 彭望琭, 秦其明, 等. 2001. 遥感导论. 北京: 高等教育出版社.

王莹莹, 袁金国, 张莹, 等. 2019. 中国温带地区植被物候期时空变化特征及对总初级生产力的影响. 遥感技术与应用, 34(2): 377-388.

袁金国. 2006. 遥感图像数字处理. 北京: 中国环境科学出版社.

张莎, 袁金国. 2014. 河北省2001—2010年植被NPP时空变化及与气候因子相关性分析. 河北大学学报(自然科学版), 34(5): 516-523.

张宇佳, 袁金国, 张莎. 2015. 2002—2011年河北省植被 LAI 时空变化特征. 南京林业大学学报(自然科学版), 39(1): 86-92.

赵英时. 2013. 遥感应用分析原理与方法. 2 版. 北京: 科学出版社.

赵忠明, 孟瑜, 汪承义, 等. 2014. 遥感图像处理. 北京: 科学出版社.

Lillesand T M, Kiefer R W, Chipman J W. 2016. 遥感与图像解译(原书第 7 版). 彭望琭, 余先川, 贺辉, 等译. 北京: 电子工业出版社.

Yu S M, Yuan J G, Liang X Y. 2017. Trends and spatiotemporal patterns of tropospheric NO_2 over China during 2005-2014. Water, Air & Soil Pollution, 228: 447.